给孩子的物理课

原来物理可以这样学

周昌寿　黄幼雄 ◎ 主编

本册主编 / 周昌寿

·物理学名人传·

中国出版集团　现代出版社

图书在版编目（CIP）数据

原来物理可以这样学 / 周昌寿，黄幼雄主编 . -- 北京 ：现代出版社，2020.5（2022.4 重印）
ISBN 978-7-5143-8539-7

Ⅰ . ①原… Ⅱ . ①周… ②黄… Ⅲ . ①物理学－少儿读物 Ⅳ . ① O4-49

中国版本图书馆 CIP 数据核字（2020）第 070498 号

原来物理可以这样学

主　　编	周昌寿　黄幼雄
责任编辑	杜丙玉
策　　划	潘一苇
特约编辑	刘　会
排　　版	姚梅桂
封面设计	天下书装
出版发行	现代出版社
地　　址	北京市安定门外安华里 504 号
邮政编码	100011
电　　话	010-64267325　64245264（传真）
网　　址	www.1980xd.com
电子邮件	xiandai@vip.sina.com
印　　刷	北京联合互通彩色印刷有限公司
开　　本	710mm×1000mm　1/16
印　　张	27.5
字　　数	420 千字
版　　次	2020 年 5 月第 1 版　2022 年 4 月第 2 次印刷
书　　号	ISBN 978-7-5143-8539-7
定　　价	99.00 元

《原来物理可以这样学》丛书分为《物理学》《物理学名人传》《物理现象与日常生活》3 册，是专为儿童打造的物理学入门读物。

《物理学》和《物理学名人传》由著名教育家、翻译家周昌寿先生编撰而成，前者本是一部物理学教材，曾为无数儿童打开了通往物理学的大门；后者最初由商务印书馆出版，是"万有文库"的一本。在初版《物理学》的"编辑大意"中，周昌寿先生写道："本书所附问题……纯系儿童日常习见之事项，亦多数好学儿童所怀之疑问，无一题不重要，无一题不可由本书中之教材为之说明，并且无一题需要计算。"这样的编写理念，对于一本教材而言确是十分宝贵。作为率先将相对论、量子力学等国外重要的物理学理论介绍到国内的翻译家，周昌寿先生对国外古往今来的科学家也了解甚多，在《物理学名人传》中，他为我们介绍了古希腊至 20 世纪的一些重要的物理学家，并说明了编撰此书的出发点："科学名人，亦犹常人，并未拒人于千里之外。因人及物，未尝非认识科学之一捷径也。"换一句不大恰当的话说，周昌寿先生正是提倡我们"爱屋及乌"，通过了解科学家的生平，培养我们对科学知识的学习兴趣。

与《物理学》《物理学名人传》不同的是，《物理现象与日常生活》更加注重实用性，语言风格也更为活泼风趣，这两点从书中各小节的标题就能看出来，比如"怎样使水清洁""怎样保存食物""你的头上常常顶着200千克的重量""没有水会怎样""摩擦力可以不要吗"等。只要浏览一遍目录，读者就会迫不及待地翻到正文，为自己强烈的好奇心寻找归宿。

当然，时过境迁，这套书也免不了出现一些问题，如数据不够精确，所选事物已经过时，人名、地名、术语的译法老旧，等等。针对这些问题，我们在保持原书风貌的前提下，尽量按照今天的标准进行适当的修改或删减。即便如此，书中或许仍然存在一些讹误，或是原作本来如此，或是编者水平有限，未能察觉，如此等等，望读者明鉴，并提出宝贵的意见和建议！

1. 毕达哥拉斯

他对宇宙的观念自成一派而又奇奇怪怪

国籍或地区：古希腊
出生时间：公元前 580 年
逝世时间：公元前 500 年
主要成就：提出勾股定理和黄金分割理论

关于这位有名的古希腊人的事业和生活史我们都不是很清楚，所有这些流传到现在的记述，很多只可当作纯粹的稗官野史罢了。

毕达哥拉斯大约是萨摩斯人，那是小亚细亚西岸的一个岛，不过对于他的祖先及他幼年时代的状况，我们没有可靠的记载。在他成年的时候，他住在意大利南部的克里都拿城，那时候这个地方是希腊的属地。在那里他创立了一个组织，它的性质起初不过是提倡知识阶级的独裁权，但是后来就有了政治色彩。那时希腊全境民主政治和富豪政治两大派的凶猛斗争已经开始，而这个组织亦不免陷入旋涡，结果大败，最后存在的几个毕达哥拉斯门徒都被放逐出国。至于毕达哥拉斯自己，我们不知是在此事未到最高点时就逃走了呢，还是被害了。

无论如何，毕达哥拉斯学说，对于宇宙的怪癖的观念，可谓自成一派。他的学说，虽经其同时的或后代的著作家留传给我们，但是中间夹杂了不少杜撰的故事及无意识的记载，所以那些研究希腊历史及思想的学者，除了得着些毕氏学说的大概之外，其他的材料可信与否是无从断定的。

毕达哥拉斯自己的著作现在已一字无存，即便是他的门徒的著述传给我们的，也不过是断简残篇，没有完整的。我们从这些残篇以及后代著述中，发现他们所信奉的两种奇异的教条，述之如下。

他们以为世界上各种物质都是由原子组合而成的，每个原子，都是非常小的，所以它只有位置，而没有大小。两个原子并列着，就表示一条线，可以指出方向，但是仍旧没有大小。三个原子（其一与其他二者成直角），表示面积，但是没有厚度，它只代表面积或展开的意义罢了。四个原子（第四个与其他三个成直角）成为一个立体，就是形体的一种想象。于是三维空间的定理出来了，并且得到了解释。他们以为空间是无边际地满满储着空气；以为凡是泥土的物质，原子具有六面体的形状；凡是火一类的，原子是四面体的；要是水呢，就是一种二十面体；而其他物质，都有十二面体的原子。在所有这些陈说之中，其最值得注意的一项，就是原子是所有一切物质最小组成部分的概念。

毕达哥拉斯派对于大宇宙的见解如下。他们以为在宇宙的中心有一种光及热的火源，它非常厉害，且永远存在；所有一切的天体——地球也在其内——在不同的距离上向着这中心旋转着。地球是离中心点最近的一个，并且它转动的时候，总有半个球面对着中心点（好像月亮只有一面朝着地球），因而这半球极热，不可居住。其他的天体只能受着反射的光。地球亦然，它的光线是由其中最大的一个就是太阳反射得来的。当地球和太阳都在中央发火点一边的时候，那就是白天的现象。当在对面的时候，那就是黑夜了。

以上所举毕达哥拉斯派哲学的例子，很能够表示创始者及他的门徒虽是富有理想的人物，但缺乏证明事实的才能。希腊人固是富于理想而且是很灵活的，然而在古代竟已有如此的见解，也算难能可贵了。他们的见解，和古埃及、古巴比伦人不同，后者关于宇宙又有各不雷同的理论。

是否真有毕达哥拉斯其人，或这个名字不过代表一派以解释世间一切奥妙为目的的哲学，我们不得而知，但这个教派在科学发展史上确可占一席之地，因为他们的学说虽然有很多谬误，可是有许多观念及议论，现在我们知道是正确的。

2.芝诺

他说阿喀琉斯跑不过乌龟

国籍或地区：古希腊

出生时间：不详

逝世时间：不详

主要成就：芝诺悖论

芝诺，埃利亚人。为巴门尼德的弟子，长于辩论。亚里士多德推其为辩证法的发明家。其辩论方式，系先假定有"多"（Many）的存在及空间的运动的存在，再间接证明其为不合理，用于补充其师所主张的"一"（One）与"不动"。芝诺对于运动不可能的辩证如下。

一、一个物体如由运动到达一定的距离，势必先通过其路程的一半之点。欲达此点又必须先通过其一半的一点。准此以往，欲到达一定的距离，非经过无限的点不可。但在有限时间内，而欲通过无限的点数，则不可能。

二、龟如果在阿喀琉斯（为《荷马史诗》中的勇士）之前一步，阿喀琉斯将无法追上。其理由如此：假定龟原在 A 点，等到阿喀琉斯追到此 A 点之时，龟已走到 B 点。等到阿喀琉斯再追到 B 点时，龟又到了 C 点。准此以往，无论如何阿喀琉斯总是追不上。

三、飞箭在任何一瞬只能占有一处位置。既然只占有一处位置，那就是静止。在一瞬时为静止，则在飞行的所有时间中亦为静止。故飞箭应为静止。

四、设甲向乙移动，经若干时间后到达乙处。假使同时乙也向甲移动，则甲到乙所需的时间就比乙不动时短些。由此可见，在同一时间内有时甲可到乙，但亦有时甲不能到乙。

经亚里士多德的指示，其中第一种系将量的无限与点的无限混同而成；第二种与第三种亦系将时间空间分作无限独立之点而得；第四种不过表示相对运动而已。

3.阿契塔

柏拉图的救命恩人，发明机器人的鼻祖

国籍或地区：古希腊
出生时间：公元前 428 年
逝世时间：公元前 347 年
主要成就：发明了机械鸽

阿契塔，塔兰托人，是有名的哲学家、数学家、军人兼政治家。他与柏拉图生活在同一个时代，彼此的关系很好，而且阿契塔还救过柏拉图一命。

阿契塔曾七次连选任大将，不过当时规定每次任期仅一年而已。

传闻他在阿普利亚海岸溺死，并葬于其地。

阿契塔亦属于毕达哥拉斯派，对于数学贡献甚多且极重要，并为力学和机械的鼻祖。

他最初区别出调和级数与等差及等比级数不同。会创造木质飞鸽，发明滑轮。又言地球为球形，绕轴而转，24 小时一周，天体又绕地球而转。对于乐器之音节，亦有特殊研究。

4. 亚里士多德

古希腊的全才，没有什么是他不研究的

国籍或地区：古希腊

出生时间：公元前 384 年

逝世时间：公元前 322 年

主要著作：《形而上学》《诗学》《物理学》等

这位著名的思想家是古希腊斯塔吉拉城的人，那座城市在一个伸展到爱琴海的很特别的三岔海峡上面，其南就是现在所称的塞萨洛尼基城。在古代，这座城市是马其顿帝国的一部分。

亚里士多德生于一个富有资产的贵族家庭，是数代书香的后裔，他的父亲是阿敏塔斯王三世的御医。他受到了在那时候所能得到的最好的教育，在17岁时，他到了雅典就进入柏拉图做校长的学校，跟随这位大教授学了约20年，到后来他成为柏拉图的重要助手之一。柏拉图死后，他就迁居到小亚细亚北岸的密细亚。3年后，在这个地方被波斯夺去之前，他又迁居到米蒂利尼，就是爱琴海莱斯沃斯岛的都城。

公元前342年，他迁居到佩拉，当时是马其顿的都城，在以后的3年中，他负责监督亚历山大的教育。那时候亚历山大是皇位的预定继承者，也就是后来的亚历山大大帝。后来他的父亲去世了，这位年轻的皇子就继承了皇位。亚里士多德在那里住了7年，仍为皇室办事，就像亚历山大大帝的顾问。他从前的弟子对他非常尊敬。

公元前334年，亚里士多德50岁的时候，他仍旧回到雅典，自己开了一个学校，这座学校很快就出名了。他在这里教了12年，直到公元前323年即亚历山大大帝去世。后来他又迁居到希腊的哈尔基斯，放弃了学校生活，准备休养以恢复衰弱的身体。但是他于次年去世了，享年62岁。

亚里士多德也许可被称为古代最多著作的学问家了。在他的著作中，对各种学问都有讨论。换一句话说，就是他的著作包括当时的宗教、法律、伦理学、修辞学、形而上学、物理学、天文学、气象学、博物学、植物学、动物学、解剖学、医药学、力学、道德学、政治学、生理学、心理学、诗歌以及文学等。

至于科学（除了数学及几何学外），他的学术现在似乎没有多大的价值，但是从中我们可以看出一种特殊的分析能力，其中一部分或全部留传到后代的，对学术界产生极大的影响。许多时候，他所留下来的思想的解释或结论，孕育了以后的发明。其中最著名的一例要算关于发生及生长的议论，他的见解和天演论根据的基础学说很相近。依据他的学说，万事万物的产生与变化有四种原因，即质料、形式、动力、目的。他假定万物在创始的时候，各有一定的计划，而在其完了时，所得的一定的结果，就是计划所预定的。以人类而言，这个结果就是快乐；而在其他物相中，例如植物、动物以及各种无机物质之从岩石到行星，则以完全适合环境为结果。变化是什么地方都有，无时无刻不在进行；其实从最初即已开始，且将继续下去，直至达到所计划的结果的时候为止。这种慢性变化的程序，是一步一步地前进，从可能到实现，它的工作是不定的。恩培多克勒（生卒年不详）认为机会或自由意志是变化的原因，但亚里士多德则以可能性代之，可能性分作两个方向——向善或向恶。他认为凡选择哪一种方向，就造成哪方面的习惯，充其极端，一则流为放纵，一则趋入禁欲主义，两种都是过分的，不幸的及不可恕的。美德是恰取中庸之道，就是对什么事情都不过度。至于在有生命界及无生命界中长存不息的变化的根本原因，他认为一定是上述两种不可见不可知而永存的向善与向恶的可能性，永远争持着的缘故。

古时的人，没有多少已经证明的事实，来做他们理由的根据，因而他们虽同以寻求真理为目的，而所得的结论各异。到现在这些除文学上的兴趣和表示人类思想在这个时代的黑暗中摸索的经历以外，别无其他价值。然而在以后的两千年中，亚里士多德的学说是戏剧中的唯一势力。

亚里士多德的自然科学即运动学，将运动分为三种：（一）位置的变化，由此而成力学；（二）质的运动即性质的变化，由此而成化学；（三）量的运动即同一形相的增减，由此而成生物学。

亚里士多德的力学，已知有平行四边形的定理，并且差一点就要讨论到向心力的作用，但未得到解决。对于杠杆、落体亦有所论述，可惜都不得当。

5.欧几里得

受到国王厚待的古希腊"特级教师"

国籍或地区：古希腊
出生时间：公元前 330 年
逝世时间：公元前 275 年
主要著作：《几何原本》《元素论》等

我们只知道这位古代有名的数学家是位希腊人，在托勒密一世朝代（公元前 323—前 283），他在亚历山大里亚设帐授徒，关于数学方面他是当时最有名的著作家，此外我们就一无所知了。他的著作有下列几种：《元素论》《现象》《光学》《反射光学》《几何原本》等。据猜想，他曾写了几种或许多其他的书，但都散失不可考了。

在上面这些著作中，使他得万古不朽之名的就是《几何原本》。这部著作共分十三部分，它的声望非常高，巴格达的国王哈伦·拉希德及其儿子马蒙组织开展了百年翻译运动，使《几何原本》被翻译成阿拉伯文。后述译本在公元 1120 年译成拉丁文，而于 1482 年在威尼斯付印。

从欧几里得提出平面及立体几何以及三角中的各项著名公理，到现在已过了 22 个世纪了，但是这些公理仍在现代的学校中使用，不过略有微小的改动罢了。科学的发展，数学实居第一步。没有了它，第二步的力学是不能教的，同时第三步的天文学，更不能在观察之外再进步了。

　　人类确实需要欧几里得来启发，不然我们除了猜测自然现象而加以记录外，别无所能。在欧几里得之前，也有过各种数学家，但只有他可被称为数学的鼻祖。他的所有公理，除一个之外至今被奉为圭臬，而这个（指平行公理）虽不适用于曲面形，而对于平面仍是对的。

　　他教书的亚历山大里亚城，是公元前 332 年亚历山大大帝时期建筑的，所以在他那时候，这座城市还是一个新的建筑物。这是由一位建筑家狄诺克拉底依据数学原理而造成的，城作平行四边形，各市街的交叉都成直角。其主要的居民，不外埃及人、希腊人以及犹太人，每种人口之多少即依上述次序，希腊人占据了知识阶级，犹太人大多是商业家，埃及人不过充劳工罢了。在托勒密朝时，这座城市异常繁盛，不久便成为古代商业及文化的第一大城了。因之那时各文明国的学者及学生蜂拥而至，前者教授，而后者听讲。欧几里得是学者中最高级的一个，他设立学校的地方开始很不惹人注目，然而不久就著名了，国王托勒密一世竟特别为他建造了讲室，且赏赐他各种可希望的权利及荣誉。他在课堂上用希腊文教授。要入他的班的人非常多，以至城中有许多教文字的学校开办起来，教埃及人、阿拉伯人、印度人、波斯人以及其他不懂希腊文的人们，使他们获得专习希腊文的机会，为进入他的班上听讲做好准备。

6. 阿基米德

给他一个支点，他就能撬起地球

国籍或地区：古希腊
出生时间：公元前 287 年
逝世时间：公元前 212 年
主要成就：提出浮力定理和杠杆原理

　　阿基米德是古希腊最著名的人物之一，出生于西西里的锡拉库萨。他的教育是在埃及的亚历山大里亚城接受的，那是当时一个希腊的属地，由托勒密二世统治，这座城市当时是世界上最著名的学术中心点。

　　由他的功绩看来，足以证明他是个有天赋的数学家，而兼备自然发明家的思想。他又是一个很有名的几何学家，仅次于欧几里得。杠杆一物，自古以来早知利用，而由记载所知，则从未有以数学来说明其原理者，有之，当推阿氏为第一人。关于杠杆能力的推测，有人以为阿基米德曾说："给我一块地方，使我能站着；再给我一个支点，我能撬起地球。"另外，物体的重量和它的质量成正比这一原理也是阿基米德发明的。其中的"质量"是指物质的量，和容积没有关系。曾经有个故事说，国王要造一顶新的皇冠，拿了定量的纯金交给制造者去制造。当他来交皇冠的时候，国王忽然疑心是否用了银子或其他次等的金属来代替金子，他就把这件事情交给阿基米德去审查。有一天他正要洗浴，脑子里却盘旋着这个问题，他突然觉得许多水被他的身子挤了出来溅到浴盆外边，他就立刻得到了解决这个问题的方法。他一时兴奋，竟赤着身子跑回家，嘴里大叫："我知道了！"

　　几何学中一部分名为"圆锥曲线学"者，是研究平圆、椭圆、抛物线及双曲线的，也是阿基米德所创始，这些曲线，自然在他以前已经知道了，但是用数学来研究它们的特性的，他是第一个。在那个时代，他可算一位大著作家。他的著作中现存的，3 本是论平面几何的，3 本是论立体几何的，此外更有论算数的一本，论力学的 3 本。他也像古时别的数学家一样，想求出与圆形等积之正方形，由他所得的结果，宣布 π 的值在 3.1408169 与 3.1428571 之间。他对这个问题虽不能解决，但是这个 π 的数值和现在所采用的圆周与直径之比的数值很接近。并且在另一方面，他是成功的，他证明被围在平行四边形内的抛物线的面积，是等于四边形的。自有记载以来，这可算是求出曲线形面积的第一例了。他又有穷竭法，其中所用的方法和近代的积分学很相似。

后来锡拉库萨被马塞拉斯率领的罗马军队攻陷，大肆屠杀，阿基米德亦于此役中被害，当时有名的总司令听说他去世了，非常后悔，特替他树立了一座纪念碑。在碑的上面，用石头雕成一个圆筒，其中切着一个圆球。罗马著名政治家西塞罗在公元前 76 年被任命为西西里总督时，曾去拜谒过他的墓，回来后在他的《图斯库勒论辩》中有一段记载此事。但现在他的墓地就无从查考了。

阿基米德的发明，不下四十种之多，兹举其中重要者如下：

一、滑轮

据传阿基米德一日在亥厄洛王前，夸说能以一定的力量，将任何大的质量移动。当命其实验，遂在沙上放一木船，船内命多人乘之。阿基米德离船略远，用一只手牵动滑轮上绳子，全船即在沙上移动，如在水上一样容易。

二、螺旋水机

此为阿基米德在埃及留学时发明，用以汲取尼罗河水，供灌溉使用。西班牙矿坑中排水时亦用之。

三、天球仪

为天空之模型，能转动，一如实际之日月星辰间之运动然。共有两具，锡拉库萨陷后尚得保存。

四、火镜

锡拉库萨被围时，阿基米德用此以烧毁敌船。大约利用太阳光之反射，形状之说不一。

又阿基米德之研究大致可分为下列四个方面。

一、天文学

阿基米德之父即为有名的天文学家，家学渊源，造诣极深。据传，会测定地球与月球之距离、月球与金星之距离、金星与水星之距离、水星与太阳之距离、太阳与火星之距离、火星与木星之距离、木星与土星之距离。又会测定太阳视直径之方法，发明过天球仪等用于天文观测的仪器。

二、力学

阿基米德著有《平面图形的平衡或其重心》一书，详论杠杆原理，建成静力学之基础。书中设有七定则：

（一）等重在等距离成平衡；

（二）在一定距离之两质量成为平衡时，如有一方增加，则平衡破裂，增加之一方当倾下；

（三）同样，如有一方减少，平衡亦破裂，减少之一方当倾上；

（四）相等相似又相一致之平面图形之重心亦相一致；

（五）不相等而相似之图形重心，在于相似之位置上；

（六）两量在一定距离成平衡时，如有与其中一量相等之量，则亦当在一定距离上成平衡；

（七）周围在同一方向凹入之图形全体之重心，非在图形内部不可。

阿基米德由此七条定则，论定两物体之平衡及其重心，进而求得平行四边形、三角形及抛物线形等种种图形之重心。

三、流体力学

关于流体力学，有不朽名著，为《论浮体》，共有两卷，论各种形状之浮体平衡，不独前无古人，即其后千数百年，亦无来者。

四、数学

此方面之成绩亦颇不少，如圆周率之近似值为 $3\frac{1}{7} > \pi > 3\frac{10}{71}$、大数之记法、抛物线及螺线之面积、球与截球形之表面积及体积、回转二次曲面之截形等之求法，成为穷竭法；与两千年后开始出现之积分法，遥遥相应，其功之伟亦可知矣。

最后再及阿基米德之著述，至今尚保存者有下列各种：

一、《论球和圆柱》二卷，证明球与圆柱之种种命题，其第一卷中共有命题五十，内容为圆柱面积、球面积、圆锥面积等，最有名的球与外接圆柱之关系亦在其中。第二卷中共有命题十，内容大都讨论球体之截面；

二、《圆的度量》，论圆面积，共有命题三；

三、《论锥体与球体》，论锥体及球体，共有命题四十；

四、《论螺线》，论螺线性质，共有命题二十八；

五、《平面图形的平衡或其重心》，论平衡及重心；

六、《抛物线求积法》，论抛物线之截形面积，共有命题四十；

七、《论浮体》，论浮体性质，共有两卷；

八、《数沙者》，论充满宇宙间沙粒之总数，结果认为此数并非无限，其值应在 10^{63} 以下，其对于宇宙之思想，从可知矣。

7.罗杰·培根

被妖魔化的天生奇才

国籍或地区：英国
出生时间：公元 1214 年
逝世时间：公元 1294 年
主要著作：《大著作》

罗杰·培根出生于英国伊尔切斯特，是世家后裔。在当时，真正意义上的科学尚未建立。虽然有一些炼丹术士和占星师热衷于探索宇宙的奥秘，但他们的行为却是盲目的。

培根在牛津大学读经济学时，受到了很好的教育，其后在巴黎获得了神学博士的学位。学成后回到英国，他就做了圣方济各教会的僧道，此为1209年由阿西西的圣法兰西斯创立的一种教会。

要适宜地评判培根的生活及其工作的价值，我们先要知道关于上述教派的主义，以及他们所奋斗的目的。教会里的教友除宣誓终身安贫、贞洁及服从外，他们的根本概念就是他们必须在环境所能允许的最低条件中，过着和耶稣最切近的生活。因此他们穿一种简单的服饰——是那时牧羊者着的衣服，鞋子及骑马均在禁止之列，每星期五从日出至日落须全日断食，此外在万圣日（万圣节前夕）及耶稣圣诞之间及主显节（1月6日）与基督复活节之间的日期亦须戒全食。除奉行这种教规之外，他们的责任是传布耶稣主义，牺牲自己来拯救人们的病痛及精神上的痛苦。教派发展得很快，教友数量大增，不久它的支部就遍布了欧洲。1343年至1351年，欧洲发生一种时疫，叫作黑死病，猖獗非凡，那时将近124000名圣方济各僧道因为热心救护病人和为临死者祈祷而牺牲，由此亦可见其组织之发达了。

培根既然是自愿加入这种组织的一个教友，我们可以断定他是一个很和气而且富于宗教性的人，同时他又具有一种肯研究的本性。当他加入教

派之后，他就研究炼金术和光学，将他的发现写成了许多著作，且常与其他教友自由切磋讨论。虽然他一生与人为善，但他的举动引起了同伴的妒忌，竟至诬告他施用邪教的魔术，因而在1257年，他被教会中的管理者判决在巴黎监禁10年，在监禁期中，非但剥夺他的读书权及使用仪器权，而且不准他写字。

1265年，当克雷芒四世继任教皇职位时，培根就设法和他来往，这位教皇倒是一个很仁慈的人，就让培根交出他的著作，以便审查。于是培根交出一部手稿，即著名的《大著作》。这部书是他研究科学、哲学及宗教一直至监禁之时所得到的各种结论的集合。克雷芒收到这部书之后不久就去世了。但是克雷芒曾经答应审查他的著作，并且准备接见他以便听他陈述书中的优点，因为有了这种事实，他终究避免了拘禁和公然的窘迫。但到了1278年，他又被新教主（尼古拉三世）宣布10年的监禁，不过在这次监禁时期中，准许他继续研究学术及著作。在这10年的监禁期满后，他被放出来，大约在1288年回到英国，不久之后就去世了。

培根和达·芬奇一样，都是天生的奇才，在当时确是远超他人的。但他和达·芬奇不同，未能摆脱当时的谬误观念。他很相信占星及"哲人石"，那是黑暗时代的炼金家所竭力搜寻的一种神怪的化合物，他们认为这种东西不但能使不值钱的金属变成珍贵的黄金，而且可以作为一种万灵之药，无论身体受了什么疾病或痛苦，都能治好。在那个时代人们的知识非常幼稚，疾病痛苦是常有的。但是他虽遇着这种困难，又被教友们所虐待，但他光明的思想丝毫不受障碍，乐观的性格亦不受挫折。

培根是希腊文化极盛时代之后欧洲实验科学第一人，他知道要想弄明白关于自然的知识，只能从观察及研究其现象而得，所以他即用这个主义来教人。他对光学有特别的兴趣，在折射现象上有高深的研究，且能准确地解释太阳与月亮如何在平面上显然见大的原因。据说他因研究一种译成拉丁文的阿拉伯文件，而得知硫黄硝石和炭的混合物（火药）的爆炸性质，而在某种情形之中，他曾做了少许火药而使之爆炸，因此使一些迷信者更加深信他是能使妖术，必定是能役使妖怪的了。他对于当时日历制的错误，是完全了解的，当时的日历同准确的相差已有 8 天了。在 1263 年，他订了一种改正的日历，现在有一份尚存在牛津大学图书馆中。这种误差直到1582 年始由教皇格列高利十三世命令改正，当时由梵蒂冈的官方数学家克劳修斯的指导而改正。

他不但是一个完全相信当时的正教者，并且是一个对于自然界的奥妙思索很深刻的人，他深信人类倘知自然界中各种力量的定律而能控制它们，一定可以大有作为。他的见解非常透彻，所以他的著作有时似乎像是预言一般。下列是他后来写成的手抄本中的一节，或者是上述事实之最佳引证。

我们先就技术上着想，将来一定有一种用不着人划的航海的利器，譬如大船在大海中航行，只要有一个人把舵，就能驶得很快，比之船中都装满着人的还要快。又如战车的移动，用不着体力来推动，而有不可思议的大力。同样我们且可以造出一种会飞的机关，只须一个人坐在机关的中间，转动一部机器，因而使机关上的人造的翼鼓动空气，好像飞鸟一样……而从物理方面想象起来，更将觉得奇怪；我们可以造出一种配景和透视的镜子，能够使一样东西看起来好像多样，譬如一个人看起来好似一大队人，一个太阳或月亮变成多个太阳或月亮等。我们更可以造出透镜，使很远的东西，看来好像和我们很近的一样。

因为他有渊博的学识，所以虽经同道的僧徒们百般谤毁，仍被人们称为"奇异的博士"（或称"万能博士"）。而且由于他的和气和不骄傲，多数人都很尊崇他。

　　培根所有的著作都用拉丁文写成。在 1485 年至 1614 年，他的著作共被出版了六部。1733 年，他的《大著作》出版了。至 1859 年，他的《第三书》《小著作》及《哲学研究纲要》出版了，这 3 本书的总名叫作《乐剧谱剧》。

8.尼古拉斯（库萨的）

他以家乡为名，家乡以他为荣

国籍或地区：德国
出生时间：公元 1401 年
逝世时间：公元 1464 年
主要著作：《论有学识的无知》

尼古拉斯（库萨的）是德国的哲学家，父为渔夫，生于库萨（拉丁语称"库萨"，德语称"库斯"），因地得名。幼年入帕多瓦大学，学习法律、数学及哲学。1423 年获得法律博士学位，时年 23 岁。后习神学遂由律师改任牧师，对宗教改革颇为致力，深得教皇信任，为之奔走。1440 年至 1447 年均在德国代表教皇出席议会；1450 年任布雷萨诺内主教；1451 年被派赴德荷改进教会生活。

尼古拉斯（库萨的）在科学上的贡献很多。其对于宇宙之观念，详见其所著《论有学识的无知》之中，以为宇宙之大无限，决无有中心之理。又说出地球每日都在旋转着。所谓运动，必须有不运动的物体来做比较，方能识别。所以我们虽然看不出地球的运动，但事实上是在运动中。其主张地动，早在哥白尼以前。尼古拉斯（库萨的）就曾将阿基米德的著作

由希腊文译成拉丁文，并研究圆的求积法。

尼古拉斯（库萨的）会用中心投影法，测出既知世界的地圆。又将面积分割测定，说明不规则形状的面积均可用此法求出，并提出一切的研究均有量度的必要。

尼古拉斯（库萨的）知晓运动的相对性，为新天文学的开拓者，又为近世机械的自然观之前驱。他认为除数学以外更无确实之知识，则其对于数学，重视到如何程度，不难推想矣。

尼古拉斯（库萨的）认为地球比月球大，比太阳小，是一个球形的天体，能在其本身的轴上转动，自身不能发光，须借其他天体之光，在太空中永远运动着不会停止。又说其他的星体上，也有生物存在。物体是不会消失的，只不过其形态上发生种种变化而已。

尼古拉斯（库萨的）又是发现湿度的人，其书中有一段记事，说："若在大的天平的一端放大量的羊毛，而在另一端放石块，使两者在干燥的空气中成为平衡。到空气潮湿的时候，即见羊毛的重量增加，空气干燥的时候就会减少。"但在意大利，则主张湿度的发现源于达·芬奇。

9. 达·芬奇

不会画画的建筑家不是好科学家

国籍或地区：意大利
出生时间：公元 1452 年
逝世时间：公元 1519 年
主要著作：《哈默手稿》《绘画论》等

列 奥纳多·达·芬奇是意大利托斯卡纳人，他是佛罗伦萨的一位书记和一个寡妇的私生子。幼年时，达·芬奇是由祖父母抚育的。他成丁之年，已得父系中的正式承认，并且都待他很好，因而受到当时最好的教育。他具有天然强健丰盛的体质，态度又极温雅，他对教师们的训诲常以诚恳的态度来领受，因而成为历史上最多才多艺及奇特的人才。

达·芬奇在青年时期就已经是著名美术家和多才多艺的工程师了。马特萨纳运河的开凿由他设计及监督造成，此外如米兰美丽的教堂以及此城其余几个著名的公共及私人建筑和其他各处的建筑，其大部分的工程，都是出自他的设计。

他还是一个杰出的解剖学家，对人体及兽体经验极其丰富，尤其擅长马的解剖。他设计了一具 26 尺高的马的模型，准备铸成铜型。虽然我们只知道两幅他的油画，即《最后的晚餐》和《蒙娜丽莎》，然他已可因之垂名不朽了。

除有这种成功之外，他对自然及科学亦有透彻的了解，所以他的讲解，无论是见于著作的或是平日在友人间发表的，在那时候确是在别人之上的。假使他的著作流传了或出版了，那么它们对于当时的知识，一定会产生重大影响。非常奇怪，他是一个专用左手的人，而且写字的方向与通常相反，是从一页的右边写起的。结果他的抄本在当时几乎不可辨认，所以直到他死后 300 年，他的著作，才有人来印行。我们从这些著作中，可以读到许多精确的结论，兹举数例如下。他断言地球是圆的，它每天在自己的轴上运动，而每年的路程是绕着太阳移动的。他讥笑所谓永久运动的可能，因为当时许多机械式的脑筋都想达到这一步，这是仿佛和炼金家想用一种方法将卑贱的东西变成贵重的金子一样。他在辩论的理由中说"力是动的原因，动也是力的原因"，那种观念现在虽不如此说，但已含有现在所知的"能量不灭"的胚胎了。

差不多在哈维以前一世纪，他已经知道血液流动的意义，而且能申述它在人体中的效用的一部分。他是第一个能准确解释月亮暗的一部分的光耀，是由地球上反射过去的光使然的，他不仅知道潮汐是由于月亮对地的引力所致，并且说高潮是由于太阳和月亮并合的作用发生的。他研究杠杆、轮轴的斜面的力学和落体的加速度，尚在伽利略之先。他是创造水力学的鼻祖，还是液体比重计的发明者，他曾拟有开筑运河时用堤和闸的计划（慢水航行），这些现在都在采用。他最精明的一句话是："无论何人将权威作为他的依据，那就是只知用记忆力，不知用智慧。"关于地质学，他亦有相当的研究。关于化石的特质、地震及火山爆发的原因以及地壳的凸起或陷落等问题，都有意见发表。此种学说，差不多经过了3个世纪，复为胡登及莱尔重行申述。

虽则他有特殊的天资及学问，但是他于知识进步史上并没有产生重大影响。最大的原因固然是他的著作在当时不能出版，但是也因为他在艺术和工程方面的成功，反而导致他在科学方面所发表的意见不彰，而尤以他的学说不能和那时的教会符合，因而人们大都不加以重视。他不像伽利略般非要把他的学说推出去给大家看，因而没有引起教会的反抗。

直到他死在克洛克斯为止，他非但能在社会及知识阶级中保持着很高的地位，而且还是法国国王（法兰西斯一世）的画师，享受很丰厚的薪水，且得到同事的敬意及友谊。

10. 吉尔伯特

发现地球是个大磁体的皇家医生

国籍或地区：英国
出生时间：公元 1540 年
逝世时间：公元 1603 年
主要成就：发现地球是一个大磁体

威廉·吉尔伯特是英国科尔切斯特人，他的父亲在科尔切斯特设有一个公共的机关。他在剑桥大学受教育，在那里他获得了医学博士的学位。1573 年，他在伦敦设立了一个事务所，声名鹊起，即被派为皇家医生，这就成了他的终身职务。他在 1600 年被任为伦敦医学院的院长。1601 年任伊丽莎白女王侍医，年俸百镑。1603 年伊丽莎白死后，继位者仍继续任用他。

他除行医以维持生活外，其余的时间均用以研究物理学，尤其喜欢研究关于电磁学的现象，在这里，他有许多重大的发现。他最重要的发现就是提出地球是一个大磁石，航海家用的罗盘针的移转就是这个缘故。在物理学界，他第一个使用"电力"这个名词，而且指出除琥珀外尚有许多物质可因摩擦而在表面上呈带电现象。科学出版物中略有价值者，要以他的论著《磁学》最早。这部书中大部分见解及理论到后来都被证实为是准确的，这是因为他是一个精细而敏锐的观察家，对于所见种种现象都能忠实地记录下来。

伊丽莎白女王死后不久，吉尔伯特即于同年11月30日在伦敦逝世，葬于科尔切斯特之圣三一教堂中，并立有纪念碑。吉尔伯特所藏书籍、仪器以及矿石，均留存于医学校内，后因伦敦大火，尽被焚毁。

11. 笛卡儿

不是哲学家的数学家不是好物理学家

国籍或地区：法国
出生时间：公元 1596 年
逝世时间：公元 1650 年
主要著作：《方法论》《几何》《屈光学》等

勒内·笛卡儿生于法国之海亚（拉丁语地名，旧称图赖讷拉海，后来为了纪念当地数学家笛卡儿，遂更名为笛卡儿），受教于拉弗莱什之耶稣大学，在那里他对数学、语言学及天文学显出特殊的天才。

笛卡儿读完了他的课程，对以往所受的大部分课程都不满意，因为当时的课程，大多是亚里士多德派的哲学以及正教的神学，这些都是由教会中的神父所规定的。后来，他主动加入了义勇军。他过了数年的行伍生活后，于1621年辞职，用其后8年的时间来旅行，最后在1629年，息影于荷兰，在那里过了20年，专心从事著作，将一生所得到的结论写进书中，这些结论大多数是始于哲学方面的。他成立了一种学说，说因为他能思想，所以依论理的合法结论，他一定存在，而成为独立的一个，简而言之，即"我思故我在"。对于下等动物他以为都是无知而自动的，恰与人类的智慧相反。

笛卡儿对于物质的世界，也有不少意见，后来的研究者根据这些意见，再加以研究得到很好的结果，他是一个很高深的数学家，几何学中一部分名为解析几何的，即系他所发明，可谓近代数学的鼻祖。

1649年，他被瑞典的克里斯蒂娜女王邀请观光，他很高兴地答应了，因为可以借此避去荷兰仇者的吹毛求疵。但是他在到斯德哥尔摩的几个月之后就去世了。

笛卡儿在力学上的成就，完全独立于伽利略，对于近世力学的基础观念的发展，做了很大的贡献。当他在1611年至1619年留荷时，即与当地学者联合做落体运动的研究。他写给数学家梅森（1588—1648年）的信里说，在 1629 年，即伽利略的著作出版之前，他早已知道了惯性定律以及受一定的力作用时所起的等加速度运动的定律，只不过将时间与距离的关系弄错罢了。他的思想和伽利略的思想各有缺点，恰好彼此互补。伽利略对于落体运动，单就其现象的经过加以研究，而笛卡儿则从一定的力作用下，将这个运动导出。两种研究都有推理的思想要素。伽利略所要的要素仅限于具体一方面，而笛卡儿则将其以前的一般的经验也加入其中。

笛卡儿在其名著《哲学原理》中，由运动的转移、碰撞后运动的减少、被碰撞后运动的增加导出他的哲学结论，即（一）一个物体一旦开始运动，就将继续以同一速度并沿着同一直线方向运动，直到遇到某种外部原因造成的阻碍或偏离为止；（二）任何运动不是最初就有了的，必然是从别的物体移来的；（三）最初存在的运动永不减少。在他看上去，好像自然发生而不明其来源的运动都可以看成由一种目力不能见的碰撞而来的。

笛卡儿称质量和落下距离的乘积为力，现在我们则称之为功。他认为这个量是决定现象的，不仅可以说明现象如何发生，还可以说明为何发生。

笛卡儿除对运动的研究之外，尚有解析几何之发明、霓虹之研究、折射定律之发现、动物之机械说等，均其荦荦大者。其在哲学、数学及一般自然科学上，举凡前人所认为确定不移之真理，均加以怀疑，演成一般思想界的大革命，尤为其独到之处。至其缺点，则对于一己之思想，信任过度，从未想到从经验上为之检验。由极少的经验，足以导出多得惊人的结论。许多非经实际经验不能决定的定律，他都认为是自己明白的先验事项，这都是他受人攻击的地方。

12.费马

超专业的业余数学家，提出最小作用原理

国籍或地区：法国
出生时间：公元 1601 年
逝世时间：公元 1665 年
主要成就：提出费马大定理和最小作用原理

皮埃尔·德·费马，出生于法国南部的博蒙—德洛马涅地方，职业为律师。幼年时即与帕斯卡合力发明数论，并提出概率论。尤以与笛卡儿论学最为著名，其所著《求极大值与极小值的方法》即详论此事。

其在数论方面的研究最深，后世推为近世理论之创立人。

1670 年，费马与其子著成评注丢番图（古希腊数学家，代数学的创始人之一）一事，可以说是近代代数学之祖。

关于光学上的折射现象，亦有研究，创立最小作用原理（也叫"最短时间作用原理"）。还有数学上极有名的费马大定理，即出自其手。

费马除研究科学外，兼长法律语学，卒于图卢兹近旁的卡斯特尔地方。

13.格里克

因马德堡半球实验闻名天下

国籍或地区：德国
出生时间：公元 1602 年
逝世时间：公元 1686 年
主要成就：马德堡半球实验、发明抽气机

奥托·冯·格里克是德国马德堡人。他在学校里受过很完美的教育，其后在旅行中经过荷兰、英国以及法国，又增长了不少见闻。1646年，他被推举为马德堡市市长。大约在这时候，他非常喜欢伽利略、帕斯卡及其他科学家所做的关于空气压力及质量的各项实验，因而开始想造成一个真空。

他第一次实验是用一只坚固的木桶，里面盛满了水，用平常的抽水机将水抽去。但是他发现木桶虽然紧密不会漏水，但在抽水的时候，空气能够冲入桶里。

第二次他用一个空的铜球，在球面上凿了一个小孔，正好装上抽水机的吸管，而在另一端装上一个活塞。球里面盛满了水，他装上抽水机就抽起来，在抽了些水出来之后，他很奇怪，因为其余的水不能抽出来，除非开了活塞放些空气进去才行，空气经过塞子时，他可以听到一种叫声。而且在水抽完了之后，若将活塞闭上，他的抽水机也会把大部分空气抽出来，直到抽水机自己也漏气了，而铜球也开始出现陷压的样子。由此可见，最先应用抽气机的荣誉是应该属于格里克的。

格里克至此相信他已有了很重要的发现，他要用令人注意的方式来表演空气的压力。于是他造了两个很坚固的半圆铜球，直径均在1英尺，各有边缘，故两个半圆铜球可以密切相合。其中一个半圆铜球上面有一个活塞，另一个半圆铜球上面有一个活门，若将它们装在他的抽气机上，两个半圆球的两端各有一个坚固的圈子，可以连接至马队的驾马具上面。

应国王斐迪南三世之召，他带着这套仪器到了雷根斯堡，在他面前实验而获得极大的成功。他先表明假使这个球上面的活塞开着，即使半圆铜球的边上涂满了油，它们也会分开。但是将活塞关上后，把空气抽干净了，把铜球系于准备好的两队马身上，而使它们向相反的方向跑，终不能把两个半圆铜球拉开。

这个有名的实验在史籍上被称为"马德堡半球实验"，使全欧的知识界感到非常兴味。于是开始物理学上的研究，不久引起许多同样重要和奇异的发现。

格里克又注意到真空中的水，水面下常有气泡出现于容器壁上，除非预先将空气抽去，而且要抽得很长久。不仅当时，而且就在若干年之后，格里克都不曾知道气体的物质特性，自有了抽气机，才开始知道和气味感觉得来的不同。这些气泡以及地表上的大气，好像都是从固体物质挥发出来的一样。格里克说得好，因为一切物体都是挥发性的，所以只能得到部分的真空，虽则如此，终不能禁止我们对真空下结论。

大气压力的作用已极效著，格里克认为前人所说的"厌恶真空"非完全放弃不可。从前伽利略仅能估计的空气比重，格里克却能直接加以测定。其法系使用同一的容器，比较其盛有空气时与抽去空气后的重量，即可见到只此些微的分量，即能表示出显然的差别。格里克还指示出空气没有一定的比重，因为要受温度和压力两方面的影响。地表上的大气就由本身的重量聚集起来，压在地球表面直至成为其自身的密度。至于在宇宙各星体之间，格里克则认为是完全的真空，没有任何物质存在。

因有格里克的研究，我们才开始正确地认识空气，使其变成一个寻常的物质，和固体、液体一样，随我们的意志盛入一个空间内，或从一个空间中取出。并可以直接观察到装有空气的空间和空虚的空间有着怎样的不同。格里克利用此事得到了两个极重要的结果，即光和声在真空中的传播。

他指出当时的见解错误，光在真空中照样可以通过，所以隔着真空也看得见物体。但对于声音的实验，结果即不相同。将钟放在容器内，逐渐抽去空气，钟声即逐渐减小，最后完全听不见。可是在实验中往往有噪声从真空中漏出来，使他难以解决，因为这个实验未曾充分继续下去，他好像已经认定了是从固体中传播出来的。

格里克还做过许多实验，曾发现电的斥力作用，在他以前仅知道电有引力作用而已。以前的人都是用小片的蜡，由摩擦使之生电，他却改用硫来熔成一个大球，使它在一条轴上自由转动，成为后来摩擦起电的先河。莱布尼茨得到了格里克制成的起电机，曾于 1672 年致函格里克报告使用此物得到了电花，这是电花的第一次出现。

格里克老年因薪俸拖欠，所以虽到 74 岁，犹不能休息，仍为政治奔走。卒时已 84 岁，虽甚愿葬于马德堡，但其墓究竟在何处，则已不可考。

14. 托里拆利

伽利略的助手，气压计的发明者

国籍或地区：意大利
出生时间：公元 1608 年
逝世时间：公元 1647 年
主要成就：发明气压计，提出托里拆利定律

埃万杰利斯塔·托里拆利，出生于意大利佛罗伦萨附近一个名叫潘卡尔多利的小镇，他在罗马学习数学及物理，老师是伽利略的一个得意门生，他后来引起了伽利略的注意——那时伽利略已经很老了，眼亦瞎了——将托里拆利邀请到他位于佛罗伦萨的家里去做助手及秘书，或者还做他的笔述者。伽利略逝世后，托里拆利就继他担任佛罗伦萨大学的教授，直到他 39 岁去世为止。

他于科学上的最大贡献，就是用水银气压计来测定空气的质量，水银气压计就是他发明的。还在古希腊哲学家柏拉图及亚里士多德的时候，人们已经知道空气就是在安静状态下也有重量，因为它运动了就有力量表示出来；但是它的质量是多少，却没有人知道。伽利略和托里拆利都知道利用抽气方法，把水在一个管内升到 32 ~ 33 英尺高，由此推算空气对井水面上的压力在每平方英寸 15 磅左右。而伽利略更表示他的意见，说上述的原理假使是很精准的，可以用来测量风暴及其离开海平面时空气压力的变化，但是要制造一根这样长的玻璃管子装置起来，在当时确是一件极难的事情。

伽利略去世一年后，托里拆利仍旧研究这个问题，最后忽然想到用水银来代替水。知道了水银的重量是比同容积的水大 13 ~ 14 倍，那么假使用水银来代替水，所用的玻璃管只要是以前的 1/13 长，即 30 英寸左右，就够用了。那么这样一条玻璃管子，内管粗细需要平均，是当时制造者能力所及的。他于是用了一根 1 码长的管子，一端封闭，满盛水银，而后将管子倒转，他见到水银正在 30 英寸高的位置，即管子顶上，就是真空，那就是著名的托里拆利真空。

现今各种精确的水银气压计，虽然因各种不同的需要而制造得各不相同，但都是根据上述的简单原理造成的。这种气压计，不仅可以计量地球四周空气的质量变化，而且可以测量其他各种气体的弹性压力。

有人相信托里拆利是最先想出显微镜原理的人，而且制造过很实用的显微镜。他的原理，后来由荷兰人列文虎克（1632—1723 年）加以发展，据说后者曾制造了 200 多架仪器，都是用镜片制造的。至于高放大率的显微镜的出世，已是 19 世纪初了。

关于流体运动的学说，也是由托里拆利为之奠基。他注意观察从器底流出来的液体，发现了一条定律。假使将观察的全时间分成 n 个相等的短期间，并假定最后一个期间，即第 n 期内流出来的液体量等于 1，则倒数上去，在第 $n-1$、第 $n-2$、第 $n-3$ 等期间内流出来的液量，必等于 3、5、7 等。由他所得的这个结果，可以见到落体运动和液体的运动颇有类似之处。假如能将液体的速度方向倒转向上，那么，就可得出一个奇妙的结论，即液体可以在容器中升起，直至液体达到表面为止。托里拆利又说最高也只能升到此处，并假定能除去一切阻力，液体必能升到此处。即除去阻力不计，则从容器底小孔流出时的速度和容器内液面的高度之间，应有一定的关系，即 $v=2gh$。换言之，即从器孔流出之速度和从 h 高处自由落下时所得之速度相等，这就是通常所说的托里拆利定律。

托里拆利的研究从未发表过，却在致友人 M.A. 里奇的函中提到他的实验和他的研究目的。

15. 马略特

法国科学院的创始人之一，第一个正确认识水循环的科学家

国籍或地区：意大利
出生时间：公元 1620 年
逝世时间：公元 1684 年
主要成就：提出波义耳—马略特定律，正确认识水循环

艾德姆·马略特，法国人，出生于勃艮第，本为第戎附近的圣马丁修道院院长，后因科学上的贡献极多，遂移居巴黎。

1666 年，巴黎创设科学院，马略特首任研究员之选。

马略特在种种方面均足以标明其为彻底的研究家。尤其对于在不同压力下空气的举动最为注意。和波义耳相同，发现压力与容积间的简单关系，成为有名的波义耳—马略特定律，于 1676 年为文发表，时在波义耳发明之后 16 年。但马略特同时还发表此定律之一种极重要的应用，载在他著的《气体的本性》之中。根据葛利克的发现，空气的密度愈高愈减，遂断定离地面越远，则大气压力亦越减小，并分段一一加以计算。当时微积分还未发明，马略特的计算方法，是将大气分作 4032 层，假定每层中的压力一定不变，来计算各层的高度。所以要知道与某压力相当的高度，只须使用加法即可

求出。就在今日，我们对于大气中压力与密度分布的知识，依然以此为基础。

马略特还有一个不朽的贡献，就是地面上水循环的测定。从前都认为水的循环在于地下水，就是笛卡儿也抱同样的见解，经马略特对雨量详细测定之后，始断定泉水的来源于降落山顶的雨与雪，所以地球上的水循环，是经由大气在地球表面上进行的。另外，关于云中雨滴的形成，也从马略特始得到正确的结论。

马略特的研究方面甚多，如流体的运动、颜色的本性、喇叭的音、气压计、落体、枪炮的后坐力、水的结冰等。

16.帕斯卡

身世悲惨的科学家，压强单位以他命名

国籍或地区：法国
出生时间：公元 1623 年
逝世时间：公元 1662 年
主要著作：《关于真空的新实验》《圆锥曲线几何学》

布莱兹·帕斯卡出生于法国的克莱蒙—费朗，是一家旧式贵族的子孙，他的祖先曾活跃在政治舞台上，十分著名。

在幼年的时候，帕斯卡已经有特殊的数学能力，他所受的教育，大多是从自己家里请的教员身上获得的。在1631年，他的父亲将家眷搬到巴黎，在那里帕斯卡渐渐长大，对物理学非常感兴趣。

1651年，他的父亲去世了。不久之后，他一个叫杰奎琳的姐妹，竟进入罗亚尔港的詹森修道院。差不多有3年，这位青年是孤身一人在巴黎生活。他对这位姐妹是很亲的，觉得没有她，生活全无乐趣，于是他也加入了这个修道院。要明了这个步骤对他以后生活的影响，必须先明了这个修道院所主持的大概教义。

詹森是一种教派的名字，这种教派在罗马宗教史上屡见不鲜。各教派所争辩的主要问题，是"上帝恩赦的效验"及"意想自由的意义与范围"等数项。各派对于这种奥妙的问题，就产生了非常剧烈的辩论。这样差不多经过了一个世纪，其间自然是没有得到什么结果。帕斯卡加入这种教会，其主要目的并不是要去附和他们的宗教主张，而是希望借这种清静幽雅的僧侣生活来研究科学，因为一个人既赋予思想的天才，这是应尽的责任。虽然他也有一种思想，就是才智和道德，只能在默示中寻得，换一句说，就是只能从《圣经》中所讲的道理中寻出。

詹森教派最强有力的对头，就是耶稣教派。帕斯卡和他们经过了长期的争辩，但是他却没有发表他的姓名，并且最先也不是有意要和他们争辩的。这个争辩相持日久，日趋激烈——至少在他这一边是这样。从辩论中，我们可以看出他的真性情，是反对一般邪说及不合逻辑的神学讨论的，这些在 16 世纪及 17 世纪的欧洲是很盛行的。关于这种争辩的著作，是在他死后收集了而出版的，那不过有一种文学上的价值，表示一种美丽和讽刺的文格罢了。

帕斯卡在科学上有一部著作叫《关于真空的新实验》，他于文中证实前几年托里拆利所得到的关于空气质量的结果是对的。有一次他用酒替代水放在气压计的管中；另外有一次他把管中里面盛了水银带到法国的一座叫作多姆山的高山顶上，海拔是 4016 英尺。他观察的结果符合他的预料，山顶空气的压力减少了不少，水银柱比在海面上测量时短了不少。经他这样一做，于是古代传下来的大谜——为什么管中的水可由吸力举起但只能到 32 ～ 33 英尺——完全解决了。

帕斯卡虽有特殊的数学天才，但到了成年的时候，对数学的兴趣却很少。在年轻的时候，他曾著一篇论文《圆锥曲线几何学》（另译作《圆锥曲线专论》），在当时的学术界占很高的地位。1685 年，他又发表了一篇《算数三角形》，叙述他所发明的一种方法，可以用图来解决比较困难的数学问题的。他又曾与笛卡儿合作，对于概率论有所深究。但是他的本心并不喜欢做这种工作，就是在中年他费了不少精神做的宗教上的辩论，也非出于本心。

他享年不久，饱经患难，最后几年变成一个避世的消极者，就是他幼年时所依赖的一切信仰，也都失去了依据，不能再安慰其人生了。

17. 惠更斯

寡言君子，发明大王

国籍或地区：荷兰
出生时间：公元 1629 年
逝世时间：公元 1696 年
主要著作：《地心引力原理》《光学》等

克里斯蒂安·惠更斯是著名的荷兰著作家，1629 年 4 月 14 日出生于海牙。他的父亲是荷兰王储的顾问，名叫康斯坦丁·惠更斯·凡·祖利赫姆。

惠更斯小时候在私塾教师那里受到良好的基本教育，16 岁时，就到莱顿大学去专门研究法律和数学。他对数学有特殊的成就，在他 22 岁那年（1651 年），他出版了第一本著作《抛物线求积法》，在他那个时代和他那个年龄，是很有价值的著作。1656 年，他用自己制造的望远镜，发现了土星的 9 个卫星中最先的一个；1657 年，他应用摆的原理制造自鸣钟；再过几年，用螺旋弹条来制造表。1659 年，他出版了《土星系论》，其中对各星环说得很完全，那是他用一架有 22 英尺焦距的望远镜观察而得的。

1660 年，他被法国首相科尔伯特邀请到巴黎，住在皇家图书馆中研究科学，在学会中得了会员的名衔。1663 年，他到英国去游历，被推举为伦敦皇家学会会员。1665 年，他回到巴黎时，就在那里住下，直到 1681 年。那时他知道该国对于改正教派仇视的趋向，日甚一日，深恐一旦将南特的教旨（即南特敕令，是世界近代史上第一份有关宗教宽容的敕令）宣告取消，他们将无一保障，他为了未雨绸缪，决意回到荷兰度过余年。

当他住在法国时，他发表了几条定律，是关于力从一个物体由碰撞而传到另一个物体的。又曾经出版了一种论著，论述透明及半透明物质的折射定律。此外著作有关于摆曲线的性质，以及绕一固定点或轴线而旋转时所发生向心力等。1673 年，他的《时计的摆动》出版，里面关于钟摆的原

理和应用，如记录时间及测定维度等，均有极精密的讨论。

他回到故乡后，开始制造一具太阳系仪，同时着手制造数具较大的望远镜，其中有一个焦距长约210英尺，这些都是供给他自己应用的。1690年，他又出版了两部著作，一部名为《地心引力原理》，一部名为《光学》。在《光学》中他创议光之波动说，那是现在普遍都承认的。

他是在1695年去世的，3年后他的《宇宙论》始出版。这是一部思想很高深而带猜度性的出版物，在那里面他说太阳系中各大行星，也许其中的几个住有人类或者是与我们智慧相等的他种动物，其身体的构造，因为须适合他们的特殊环境，所以和我们有些不同的地方。

惠更斯秉性清高，在贵族中可称模范。1687年，他承袭了父亲的财产及爵位，从此就能利用这个极好的机会，用他的能力去研究他最喜欢的科学。他是一生不娶妻的人，他的本性很恬静，是一个寡言的君子。他喜欢做实验，能用他敏锐的判断力而获得结果。到晚年，他遇事更喜欢推测，这种性情在他的遗著中显然可见，但是也有理由可以相信他自己对于这种结论也有怀疑的地方。在他的几本著作中，可以看出他的思想已很逼近牛顿，不过它们蔚为蓓蕾，还有待于后者。

18. 胡克

脾气火暴的天才，细胞的命名者

国籍或地区：英国
出生时间：公元 1635 年
逝世时间：公元 1702 年
主要成就：提出胡克定律，发现了植物细胞

罗伯特·胡克生于英国之怀特岛，受教育于伦敦之威斯敏斯特学校及牛津大学。1664 年，他被聘为伦敦格雷舍姆学院的几何学教员。1666 年，全城大火，而在一年前，时疫盛行，死亡达 10 万人，这个数目在当时约占全城人口的 1/4。这次大火烧去了 1300 间民房和 19 座教堂。火后开始起草建设计划时，胡克向当地政府建议一种很好的复兴计划，并且造好了一个模型一同送去。但是他虽在 1667 年被派为市政工程师，而他的计划竟未被当局采用，这是很可惜的，因为后来事实昭示他的计划是应该奉行的。从 1667 年到 1682 年，他是皇家学会的秘书，他最后 20 年的生活，完全消磨于研究中，因得许多发明。

胡克实在是一个天才，但是不幸的是他易发怒的性情，有时候还要抱怨，所以在同事中常有冲突，甚至和知友也如此。不过他的观察力却异常敏锐，所以他在科学上得出许多重要的结论，功不可没。1665年，他同波义耳合作，造成一架空气泵。前一年格里克在德国也设计制造一具，用以做有系统的真空实验，很为完满。

在物理学家中，胡克最先指出星体的运动纯是一种力的关系，所以应从力学这方面来研究。他明示天体之所以依着一定的轨道进行，如我们观察所见的样子，是为某种力所强迫的缘故，至于这种力的性质，那时候还不知道，所以在这方面他尚占牛顿之先，但是他不能用数学来解释这种问题。在胡克时代，人们以为热是一种流体或一种物质，胡克知其妄而嗤之，他推测热也许是运动的一种结束。150年后，朗福德证明热与运动相同。

1664年，他的著作《微物论》由皇家学会出版了，里面详述他新发明的显微镜，说明如何应用异常技巧的方法，改进了镜片的组合，更是明白地叙述了那种他称为"小房子"（英文为 cell，也就是细胞）的东西——那是他考察植物的叶子发现的，现在的植物学家都认为它是生命组织的单位。假使消色差透镜在他那时候已经有了，无疑他一定能发现这种"小房子"里边的原生质而看出它们的运动。

他对于化石问题也似乎有过研究，虽然他的言论多少带些预言的性质。在他那个时代，要是寻得任何种化石，人们便很庄重地讨论，说是挪亚洪水的遗址。胡克用显微镜来观察白垩的集束，知道其全部组织是由微小生物的贝壳所化成的，因而第一个很勇敢地宣言化石的成因一定还有比较合理的解释。并且他进一步说假使把当时所知的化石一一加以研究，我们也许可以从此知道含这些化石地层的年代，他这个结论后来完全被证实了。

胡克在1658年还替我们发明了一种摆轮，后来表的成功并成为与钟不同的器具，都是这个发明的功劳。假使世界上没有表这件奇异的小机器，其纷乱的情形将不堪设想。

19. 罗默

发现光速的皇家教员

国籍或地区：丹麦
出生时间：公元 1644 年
逝世时间：公元 1710 年
主要成就：发现了光速

奥勒·罗默生于丹麦的奥胡斯，受教育于哥本哈根大学，不久就到巴黎去做法国国王（路易十四）的长子教员。在那里他和皮卡德及卡西尼共同有几种发明，遂成为一个天文学家，结果在 1672 年，被推举为科学会会员。

他最重要的发现，亦即因此而得名者，就是光的速度问题，在那时候人们都以为光是一种立刻发生的现象，但他发现光经过空间需要相当长的时间，其速度大约是每秒 186000 英里，这是他研究星行差及木星、卫星蚀诸问题所得到的结果。所谓星行差就是指星体在年程内占不同位置的现象，可以用一件常遇的事来比喻，譬如一个人在暴雨中走，雨点是直直地落下来的，但对于此人，雨点好像是斜射的，而且像从对面射来，所以面部及衣服前面上所受着的雨点，比之后面来得大。这个比喻常常用来解释光行差的道理，因为光也是同样的，直射到地球上的光，在观察者看来似乎像稍斜着，因为地球也是动的，它转动的速度每秒为 19 英里，其转动或是向着发光点，同时光的本身也是在那里很迅速地运动，或面向观察者或背对观察者。以上数项原因的结果，是我们觉得星体于太空中行经一个蛋形（圆形或椭圆形）的小曲线。

这条曲线的性质、大小，星体的运动的方向——即其依曲线的转动是和钟上时针的方向相同或相反的——由此种种记录，光的速度可以计算出来。

光的准确速度是 299,792,458km/s，这个数目是经过许多很精细的观察得出的，大约可以说是不变的了。至于光源是向着抑或背着我们，对于其速度是没有关系的。就这方面论光和声是很相似的。声波在空气中每秒行340米，其速度也是不变的。假使声源是向我们移近，那么在一个单位时间内我们耳朵所接收的空气波动数一定比在其他情形中要多，所以觉得音调就高了。假使声源往后退，那么结果相反，音调就觉得低了。光也是如此，假使我们向光源移动，较其在空气中由我们向后退的速度为快，那么每一定时间内光波到我们的眼的数目增多，结果就见到更强的光频。反之，假使光源和观察者的距离在那里增加，即得到相反的结果。

但是光波和声波，有一个很明显的不同。声波是直向的，它是向前或向后的波动，波动的方向与声波行动的方向相同，所以声波的波动是一种压缩和压缩后的弛放交互而成的。但光波是横向的，其性质与一条绳一端固定了，将它端摇动着而起的波动相似。

20. 莱布尼茨

比肩牛顿、研究过《周易》和八卦的罕见通才

国籍或地区：德国

出生时间：公元 1646 年

逝世时间：公元 1716 年

主要成就：发明微积分和二进制，提出单体论

戈特弗里德·威廉·莱布尼茨是德国莱比锡人，是莱比锡大学一位法律教授的儿子。他曾受过良好的教育，他父亲本来希望他继续从事自己的职业，但是在早年的时候，莱布尼茨就已经显露出趋向于文学及科学研究。他没有生活上的顾虑，所以在 18 岁那年就进入耶拿大学研究高深数学。

1666 年，他在阿尔托夫大学获得法律博士学位，翌年投奔美因茨选帝侯处，为其个人做法律的事务，而同时利用闲暇，撰写并出版了几篇关于神学上的论文。

1672 年，他为政治上的使命到巴黎去，但没有得到希望的成功，他就旅行到伦敦，在那里认识了牛顿及惠更斯，他们对他的才能及和蔼的举止都很器重。

1676 年，他接受了不伦瑞克公爵的任命，担任其私人顾问并为其掌管图书。他为公爵编一部家史，同时担任哈茨山脉公爵所有的矿场指导。5 年前，那矿出产铜、银、铅、锌及铁很为丰富，但是因为办事很疏忽，所以弄得腐败不堪。经他奋力整顿后，此矿遂恢复其从前生利状况。

过后他迁居到柏林，在那里着手组织一个科学会，被举为第一任会长，这个科学会就是后来国家学会的胚胎。其后他被派至德累斯顿、维也纳及圣彼得堡组织相似的学会。俄皇彼得大帝为嘉奖他，给他一笔恩俸，并且派他为私人的顾问官。1714 年，他印行他最著名的一部哲学著作，叫作《单体论》，因为这本书，他和英国一位神学家及心理学家塞缪尔·克拉克起了辩论，但是争辩还没有结束，他便遽然故世了。

总括而说，莱布尼茨是一个有能力且灵敏的人。他那时候的科学——除了数学——都在幼稚时代中。希腊哲学家及中世纪的心理学家及神学家的主要观念，在那时势力还很大，差不多在各地方的知识阶级中都占有重要的地位，他们以为争辩是可以得到准确结果的方法，比之研究自然与其各种现象的因果还来得好。所以他的一生，他那良好的才智，除了关于数学一部分外，对于知识界并无重大的贡献，他对于现在的所谓微积分学，颇有所阐发，但这一学科的发明，一般是归功于牛顿的。

微积学的根本观念，最先是由阿基米德发明的。当他想办法解决求圆的面积的问题时，他得到一个直径和圆周间的比率（π）的大概数值。他的方法是假定圆周为外切多边形及内切多边形的平均数，而将两个多边形的边数，增加到数目的极限为止，这个在数学内被称为穷竭法，这不过是微积分学的初步。第二步为开普勒在几何学中发明了无穷大的理论，他将圆形分作无穷数的小三角形，每个小三角形的顶点皆在圆形的中点，而其底边在圆周上，照他的方法，圆锥体是无穷数的小棱锥体集合而成的。更进一步，是由卡瓦列里、沃利斯、笛卡儿及费马等把这些根本观念加以扩充，但直至牛顿和莱布尼茨，他们开始分头将前人传下来的观念加以研究，因而发明了一种符号，用了这种符号，微积分学的观念方始成为有系统的方法，而得到有实用的结果。莱布尼茨的方法，是1684年出版的；而牛顿的方法约在1672年就出世了，不过他仅给友人看，并没有付印，直到1687年始付印出版。两个人的根本理论是相同的，但是符号及组织制度是不一样的。因为牛顿的名誉大，所以他那种方法就先被采用了，那时微积分学沿用他所称的名字，叫作流数术。在欧洲大陆上，莱布尼茨的符号，不久被认为两者中比较起来是好些的一个而被采用了，而在英国一直用牛顿的制度，差不多到一个世纪后，方被莱布尼茨胜过了。普通的意见，皆谓将微积分加以发展，使在实际上可以解决许多普通问题的功劳，应该归诸牛顿；改用比较好的符号方法，以使运用时便利，那是莱布尼茨的功劳。

　　笛卡儿认为力学不过是运动的几何学罢了，并且想将物理学全部建筑在力学的基石之上，认为力学上的问题，没有不能用这个方法解决的。却未想到物体间的相对位置，只有在所设的力的关系时，即只有在其成为时间的函数时始办得到。莱布尼茨看透了这一点，所以批评笛卡儿的力学体系不过是想象产生的。在 1686 年的《学术纪事》上面，他发表了一篇短短的论文，题目倒很冗长，为《笛卡儿辈的自然定律中显著谬误的简单证明：彼等信创造主在自然界内保持有一定量的动量，果然这样，那科学中的力学，就非完全消灭不可》。后来 1695 年又发表了关于这个问题的论文。直到 1742 年达隆贝尔的《力学》出版以后，这个问题才得到完全的解决。

　　此外，莱布尼茨是最早接触中国文化的欧洲数学家，他对《周易》和八卦有一定研究，并著有《论中国人的自然神学》一书。

21. 帕平

吃货的福星：高压锅的发明者

国籍或地区：法国

出生时间：公元 1647 年

逝世时间：公元 1712 年

主要成就：发明了高压锅

丹尼斯·帕平生于法国南部之布鲁瓦地方，少年习医。帕平 24 岁赴巴黎，识惠更斯，因得友莱布尼茨。当时惠更斯正忙做抽气机实验，即由帕平为之协助，终于造成抽水机一具。1674 年，帕平携抽水机至总理大臣科尔伯特处亲自实验，每次均用火药爆炸，将活塞举高，至筒中气体冷却后，受大气压力作用，自行落下，因此将水吸起。

后被莱布尼茨邀往任其助手。5 年后即被推为皇家学会会员。发明一炊具，名"蒸煮器"（即今高压锅），利用高压煮物，至今尚乐为人用，器中有安全活门，以便节制压力，现今任何汽锅中均备有之。虽然当时所知的温度不高，但是帕平已知道沸点和压力是有关系的。其后曾赴威尼斯两年，仍返伦敦，任皇家学院临时实验管理员，每逢做实验表演，均须到场。

1685 年因祖国灭亡，移住德国黑森竟达 20 年之久，任马尔堡大学数学及物理教授，致力于惠更斯抽水机之改良，用热蒸汽代替火药，现今的低压蒸汽机就是由这个原理造成的。

1690 年发表其蒸汽机的计划书，1692 年研究潜水艇，1698 年又转向其发明的离心水泵。其后又曾一再设计制造蒸汽水泵，并经莱布尼茨提出意见，终未成功。最后不得已于 1707 年再返英国，旧友如波义耳、胡克等均已作古，其满腹计划又不为皇家学院所取，遂贫困而死，死期不详，当在 1712 年上半年。

22. 雅各布·伯努利

人才辈出的"伯努利家族"的领头羊

国籍或地区：瑞士
出生时间：公元 1654 年
逝世时间：公元 1705 年
主要著作：《猜度术》等

伯 努利为瑞士世家，祖居巴塞尔，人才辈出，且均在数学及科学方面，为世所重。唯其人数过多，每易致混，兹举其族谱之一部分如下：

尼古拉斯·伯努利
- (a) 雅各布·伯努利
- 尼古拉斯·伯努利 → (c) 尼古拉斯一世·伯努利
- (b) 约翰·伯努利
  - (d) 尼古拉斯二世·伯努利
  - (e) 丹尼尔·伯努利
  - (f) 约翰二世·伯努利
    - 丹尼尔二世·伯努利
    - (g) 约翰三世·伯努利
    - (h) 雅各布二世·伯努利

其中由（a）至（h），共得 8 人，均极著名，略历如下：

（a）雅各布·伯努利（1654—1705），巴塞尔大学数学教授，研究等周曲线著名。

（b）约翰·伯努利（1667—1748），（a）之胞弟，格罗宁根大学及巴塞尔大学数学教授，研究等周曲线及活力不灭著名。

（c）尼古拉斯一世·伯努利（1687—1759），（a）（b）之侄，帕多瓦大学数学教授。

（d）尼古拉斯二世·伯努利（1695—1726），（b）之长子，圣彼得堡科学院数学教授，早逝。

（e）丹尼尔·伯努利（1700—1782），（b）之次子，圣彼得堡科学院数学教授，巴塞尔大学实验物理学教授，以概率论、力之平行四边形问题及作用不灭原理著名。

（f）约翰二世·伯努利（1710—1790），（b）之三子，巴塞尔大学数学教授。

（g）约翰三世·伯努利（1744—1807），（f）之次子，柏林皇室天文师，柏林研究院数学部部长。

（h）雅各布二世·伯努利（1759—1789），（f）之三子，巴塞尔大学实验物理学教授，圣彼得堡科学院数学教授。

以上8人之中，又以（a）雅各布·伯努利（1654—1705）、（b）约翰·伯努利（1667—1748）及（e）丹尼尔·伯努利（1700—1782）三人尤为著名。

雅各布·伯努利于1654年出生于巴塞尔，入当地大学，毕业后曾游英、法、荷兰等国。1687年任巴塞尔大学数学教授以迄于死。莱布尼茨提出等时曲线的问题，首先便得到了雅各布·伯努利的解答，此解答在1600年的《学术纪事》中发表，文中对于微积分，开始定 integral 的字样。在莱布尼茨的积分学，当时用的都是 Calculus summatorius 的字样。其后到1696年，

才一致采用了 Calculus integrals 的名称。

雅各布·伯努利又提出悬链线的问题，即一条链将两端悬住而成的曲线，认为莱布尼茨的作图法很正确，并解决了许多关于悬链线的复杂问题。

雅各布·伯努利又决定了弹性曲线，这是一块弹性体平板或一根弹性体的棒，将另一端固定，在另一端上加重量作用时成功的形状。提出一张不透水的帆，上面盛满了水时的弯曲形状，就和弹性曲线完全相同。

1696 年，雅各布·伯努利提出了一个问题，悬赏征求等周形的解。对于其弟约翰·伯努利的解法不表赞同，因此引起一场辩论，于 1702 年将其本身所得的结果发表出来。

雅各布·伯努利对于振动中心的研究，亦极著名。1686 年即发表其复摆可由杠杆原理解释的学说，惜其结果颇多暧昧不明之点，且有与惠更斯见解不能相容之处。于是又于 1691 年在《学术纪事》、1703 年在巴黎研究院报告上加以修改。此外对于概率亦有相当的研究。

23. 约翰·伯努利

争强好胜、极度自我的犟人

国籍或地区：瑞士

出生时间：公元 1667 年

逝世时间：公元 1748 年

主要成就：把微积分应用到力学和天体力学方面

约翰·伯努利为雅各布·伯努利之弟，由其兄授以数学，后游于法国，识当时科学大家如伐里农、洛必达等。在格罗宁根任数学教授历 10 年之久，1705 年继其兄任巴塞尔大学数学教授。

约翰·伯努利独创之研究甚多，与人辩论亦烈，富于情感，一旦不为其所悦，虽弟兄父子，亦如路人。因等周形问题与其兄雅各布辩论，丝毫不肯退让。因雅各布叱之为语多似是而非，嫌隙甚深。雅各布死后，约翰竟将其本身所得之错解，化为其兄所得者之变形。由此一事亦足以推知其感情用事矣。

约翰·伯努利曾提出最速降线的问题。在垂直平面内设想有 A、B 两点，用一条曲线将此两点连续，使一个物体从 A 点沿曲线降至 B 点，所历时间当然随曲线形状而异，如欲以最短的时间到达 B 点，曲线应成何种形状。对于这个问题，约翰·伯努利本已固有其巧妙的解决方法，其兄雅各布及莱布尼茨、洛必达、牛顿等亦各有所得，其中以约翰·伯努利本人的见解最有价值。当时此类问题在落体运动或尚未得其解，但在光的运动，似已有了解决。所以约翰·伯努利就将落体运动改变成光的运动。假定 A、B 两点在某种介质中，光在其内，若沿垂直方向，由上而下，则其速度当逐渐增加，其增加程度与落体运动时速度的增加，完全循同一定律。试将介质分解作若干水平之层，各层的密度各不相同，越在下方，密度越减，则光在与 A 相距 H 的层中，进行的速度当为 $v=\sqrt{2gh}$。此时从 A 到 B 的光线所经过的路径，应为以最短的时间到达的路径。故在落体运动中，亦为在最短时间内落的路线。

　　莱布尼茨将力分作两种：一种是作用于物体上而无运动产生的，如压力之类，称为死力；另一种是作用于物体上实际可以产生运动的，称为活力，活力用质量和速度的平方的相乘积来表示。惠更斯发现了活力保存的原则，历来都认为是力学上的简单定理，而约翰·伯努利则认为不过是活力理论的一个结果而已。一般的原理是各物体的活力的总和，如其彼此之间互以压力作用时，永久是一定不变的，即等于所受的活力，并称之为活力不变的原则。从前有许多问题不能直接解决的，应用他这个原则，都得到很简单的解答。

　　约翰·伯努利对于积分学的贡献亦甚重大，又发现指数算法，用解析法于三角，并研究过焦散曲线等。

24. 摄尔西斯

我们常说的"摄氏度"就是以他的名字命名的

国籍或地区：瑞典

出生时间：公元 1701 年

逝世时间：公元 1744 年

主要成就：创立了摄氏温标

安德斯·摄尔西斯，瑞典人，生于乌普萨拉。在 1730 年至 1744 年任天文学教授。今日月球上的摄尔西斯环形山即以他的名字命名。

1733 年，他在纽伦堡出版一部书，内载有 316 个北极光的观测结果，是他和友人在 1716 年至 1732 年观测得到的。

1736 年参加巴黎科学研究院组织的子午线测量队，6 年后撰成一篇百分度温度标的论文，在瑞典的科学研究院报告。实际上，摄尔西斯最初将水的冰点设定为 100 度，而将沸点设定为 0 度。次年，他将这两者颠倒过来，才成为与现在所用形式相同的百分温标。后来百分温标就被称为摄氏温度标。

1744 年，摄尔西斯卒于乌普萨拉。

25. 富兰克林

既是科学家，又是美国的开国元勋之一

国籍或地区：美国

出生时间：公元 1706 年

逝世时间：公元 1790 年

主要成就：提出电荷守恒定律、签署《独立宣言》

本杰明·富兰克林生于波士顿，同胞十七人中他排行第十五。他的父亲是从英国搬来的，在波士顿开了一爿造蜡烛的工厂。父母都深信宗教，因为本杰明是第十个儿子，所以在幼年时就献给牧师。

富兰克林长大后，由于思想灵活、善于动脑，因此他所走的路也就和一般人不同了。早年他就脱离学校，在他父亲的工厂里学习了一年，在他一位哥哥的手底下做学徒。他的那位哥哥是一位印刷家，曾开办过新英伦报，在美国算是一种最早的定期出版物。过后不久，他觉得太烦扰了，就解除了合同乘船到纽约去了。但是在那里他找不到工作，于是又到费城去了。到费城的时候几乎没有钱了，幸而结识了许多朋友，立刻找到了事情，在这个社会很快就有了一种活动的能力。1725年，奉当地长官的命令，到英国去购买他所计划的报馆用器具。由于经济上的困难，使他不得不到伦敦去找工作，在第二年始回到美国来。在1729年，管理《宾夕法尼亚时报》，颇著成效。次年结婚，自此以后25年中，他是美国各统属地中最著名的作家。

在他一生中，正是电学现象层出不穷的时代，引起了他的注意。他最著名的风筝实验，证明了空中的电闪和电流是一样的东西，时为1752年，他正是46岁。就是这一件事，使各处教育界都知道他的名字。这不仅是科学上的发现，而且是一种最精明最有效力的研究方法，完全是从研究成立的理论。因此牛津、爱丁堡及圣安德鲁各大学都送给他法学博士的学位，同时推举他为皇家学会会员，又让他得到科普利爵士奖励一般研究"自

然科学"的资金——第一次资金是在 1731 年颁发的，第二次在 1734 年及 1736 年颁发，所有他的遗产都变作资金，每年由皇家学会分派。

除这个有名的成功之外，他又发明了一种非常好的富兰克林火炉，就是现在还受人欢迎。自炉子被发明以后，他就完全投身政治舞台上去了，在政治上的成绩比在科学上还要有名。当革命战争的现象显露出来的时候，他就用极尊贵的方法，使之无形消灭。他的功劳在当时虽没人知道，但他所站的地位很稳固。他曾做过全州委员会的委员，签字宣布独立，其后被派为驻欧洲一个新国的美国政治代表，他在那里自然可获得很好的名誉，他的志气、聪敏的状态和智慧，使他对于他的国家无论在物质上或财政上都有许多的帮助，因此使北美独立战争得到最后的胜利。

1785 年，他回到美国。虽然那时他的年纪快到 80 岁，然而他还是做新共和国的行政委员，做宾夕法尼亚州州长以及国会会员。在这几处地方，他费了不少精力及思想去筹划，其中有一次还提交了废除奴隶制的请愿书。他逝世时 84 岁，葬在菲列得尔菲亚耶稣教堂的公墓中。

富兰克林体格魁伟，身长约 6 英尺，态度刚毅，面貌也很漂亮，眼睛呈青灰色。性颇好客，又和蔼可亲，虽然他和教会机关没有什么联络，但是由他一生的事业可以证明他的人格高尚，为人公正，心地纯洁。

26. 欧拉

双目失明也要搞研究

国籍或地区：瑞士
出生时间：公元 1707 年
逝世时间：公元 1783 年
主要著作：《积分学原理》《屈光学》等

莱昂哈德·欧拉，瑞士人，生于巴塞尔，父为传教士，且长于数学。欧拉 1723 年毕业于巴塞尔大学，跟从约翰·伯努利习几何学，遂与约翰之子丹尼尔及尼科尔等成为至交。

1727 年应凯萨琳一世聘请，赴圣彼得堡。1730 年任其地物理学教授，3 年后任数学教授。1735 年由研究院提出一个天文学问题，多数的数学专家均用数月的工夫方能解决，欧拉则用他自己发明的方法，3 日即得其解。

欧拉因勤学过度，又受不了当地的气候，遂得热病，结果于 1735 年右眼完全失明。1741 年应腓特烈大帝聘请赴柏林，是后即为普鲁士研究院努力研究，历 25 年之久，其间仍投稿于圣彼得堡科学院，直至 1766 年，始得返俄。不久左眼又失明，竟成为全盲。其后概由其子及克拉夫特与莱克塞尔等代为执笔，7 年中陆续发表论文 70 篇，未及发表者尚有 200 篇以上。

欧拉的研究虽以纯粹数学为主，但其范围却甚广，对天文学、水力学及光学，都有相当的贡献。在天文学方面有《月球运动理论和计算方法》（1772）一文，就是根据他早年应征的论文撰写成的，一方面失明一方面又遭火灾，稿件被毁颇多，许多的复杂问题都是从他的记忆中搜寻出来的。后来梅耶制的太阴表，就是根据这篇论文而来的。

在光学方面，欧拉力反对牛顿主张之微粒说，而赞成惠更斯的波动说。假定以太是一种没有重量而具弹性的流体介质，光就是由以太的波动传达的。他将其一生关于光学的研究集成一书，题名为《屈光学》。

27. 达朗贝尔

贵族弃婴，哲学领袖，百科全书的奠基人之一

国籍或地区：法国
出生时间：公元 1717 年
逝世时间：公元 1783 年
主要著作：《数学手册》《动力学》等

让·勒朗·达朗贝尔，法国人，生于巴黎，甫生即被弃于巴黎圣母院近旁圣基恩·让·勒朗教堂路上，被一名士兵拾得，后被一名玻璃店妇女收养，以拾得之处取名，后始知其为戴斯骑士与沙龙贵妇之私生子。戴斯虽未认明其身份，却供给学费，使达朗贝尔在马萨林大学就学，毕业后返其养母处，奉养至 30 年之久。

达朗贝尔于 1738 年取得律师执照，但未执行业务。转而习医，未及一年即弃之，乃决计致其全力于数学。

1739 年，撰《微积分实录》成名，1741 年被选为科学研究院会员。

1743 年，其名著《动力学》出版，达朗贝尔原理即在其中发现。

1744 年，达朗贝尔将此原理应用于流体力学，成为《流体的平衡和运动》，以前各家求得的解答，均成为此文中所附之各系矣。

1747 年，撰成《关于风的一般成因的思考》，并应用到振动弦上。

1749 年，发表论文，说明其原理可适用于任何形状的物体的运动。

1754 年，解出岁差的问题，并说明地轴的章动现象。

1752 年，发表《关于流体阻力的新理论》，内有不少创作和新的观测。又于 1746 年及 1748 年在柏林研究院志上发表《积分计算研究》，为数学之一分科。

1754 年至 1756 年发表《宇宙体系的几个要点研究》，将行星的摄动问题完全解决。

达朗贝尔因与狄德罗合编百科全书，故其所知极为广泛。在序言中详叙各科的起源及其进展，并在前两卷内编撰若干文学方面的项目，以后各卷则以担任数学方面的项目为主。对于从科学和艺术角度来研究音乐，他都很感兴趣，并有著述。

达朗贝尔生活不优裕，甚简朴，所以自始至终都安于恬淡生活。晚年因德·莱斯皮纳斯小姐之死哀悼万分。1765 年，达朗贝尔病中，德·莱斯皮纳斯曾尽力看护之。自此以后，直至 1776 年德·莱斯皮纳斯死去为止，两人均同居一处。在德·莱斯皮纳斯一方面，从头到尾都不过是一片热烈的友情而已，可是在达朗贝尔的这一方面，则有甚于此，故自其死后，极为沮丧，虽仍专力学术并有同道中人时相过从，仍不能灭其苦痛。达朗贝尔与伏尔泰有 30 年以上的交谊，自伏尔泰逝世后，达朗贝尔遂继之成为哲学领袖。1783 年，卒于巴黎。

28. 卡文迪许

他发现了水的秘密，还首次测量了地球的密度

国籍或地区：英国
出生时间：公元 1731 年
逝世时间：公元 1810 年
主要成就：完成卡文迪许实验，测量地球的密度

亨利·卡文迪许生于尼斯，世为英国贵族，富有财产。1742 年进入哈克尼学校，1749 年进入剑桥大学，1753 年离校，并未取得学位。是后即致力于数学及物理学研究。喜独居，终身未娶，除每星期四与皇家学会同人聚餐一次之外，不与人会面。虽其嗣子，亦仅每年得省视一次，然亦不过两三分钟而已。

1766 年，卡文迪许发现氢气，其与寻常空气之性质完全不同。盖自布莱克研究二氧化碳以后，此实为第二种特殊气体，与大气中之空气，根本不同。很早以前，人们就已知道铁可溶解于水，有气泡随之产生，波义耳还注意到此时发生的气体能够点燃，却未曾再加研究。结果是由卡文迪许研究得很为透彻。他见到这种气体的比重异常微小，并且是第一个将其比重测出，还将温度和压力的关系也算了进去。他又将铁、锌、锡等分别溶解在各种酸内，测定发生出来的气体的分量，又研究过氢与空气混合而成的"炸气"。其他还有许多关于氢的知识，都是由他得来的。

他又研究过许多物质燃烧时发生的气体，发现只有动植物燃烧时才能生成二氧化碳。

1773 年，他的电学实验成功，由此发现电力的平方反比律，甚至还知道现在我们所谓介质系数，不过这种种研究他都未曾发表过。

卡文迪许在 1781 年的发现最为重要，即氢与氧共同燃烧之后，即变成水，并且证明由此而得的水的质量和消灭了的两种气体的质量之和相等。此种出人意料的结果，经卡文迪许通知普里斯特利后，立即传遍全世界，自古以来即认为水是一种简单元素，今始知其亦有成分可言。从此以后，关于各种物质的分解，陆续发现不少，进展甚速。

卡文迪许又于1784年得出一个重要结果，将氧与氮以适当的比例混合后，使电花由其中不绝通过，气体即行反应，入水而成为硝酸。氧气旧名为酸素，即由此而得，以其为造酸之一要素也。卡文迪许当时注意到无论如何长久地使电花涌过，终有一定量的空气与氧的混合气体存留不变，这就是后来发现的一种元素，现称为氩。

还有一种研究也很重要，必须有极熟练的技巧才能办得，卡文迪许的晚年，一直到1798年，都致力于此，这就是地球密度的测定。说正确一点，就是地面上两个物体，小到可以在通常的房间内容纳得住，其间作用的引力，由此不仅第一次表现出来，而且还可以测定其数值。自牛顿以后，对于两物体间作用的引力由两者的质量及其距离而定，就没有人怀疑过。但事实上，我们需要实验知识，要能够得到此种微小引力的事实证明，才能竟万有引力之全功，所以异常重要，但一直还没有人注意此。反过来说要知道这种引力，就可以用同一单位、同一精确度将地球的质量测出，如同测定这两个物体的重量一样。牛顿当时系用地球的质量做单位去测定各天体的重量，可是地球本身的重量就无法知道，所以只能由地球的平均密度的假定，加以估定。现在却可以用地球的体积去除地球的质量，就可以得出地球的精确密度了。

要测定这样微小的引力，卡文迪许就用很简单的仪器，即库仑所用的扭秤——使用一条长且细的线，下端悬一根轻的水平棒，棒的两端各有一个铅球，在此两铅球的近旁，立有两个异常大的固定的铅球，此两大球对于棒端的两小球，发生引力作用，因此使水平棒偏转，结果令悬吊的细线受到扭力作用。测定很微小的偏转，极不容易，只要空气些微流动，就测不出来。所以只好在壁上开一个小孔，从邻室用望远镜来观测。对于非常微小的力，从来也不曾用过这样仔细的方法，这都是卡文迪许的功绩。他求得地球的平均密度为 5.5 g/cm³，后来又从种种完全不同的方法，测得同样的结果，足以证明卡文迪许的结果极为精确。从这个结果看来，既然地球表面上的物质，密度均较此为小，可知地心应为很重的物质构成，当然是金属一类的了。本来假定地球最初是一块熔化了的物质，那么较重的成分当然应该靠近地心，再从现在实测的结果，确实证明了地球内部果然有不少这种沉重的物质存在。

卡文迪许于 1810 年逝世，葬于德比之万圣堂中，1927 年特为他建立纪念碑于其中。

29. 瓦特

他使人类进入了蒸汽时代

国籍或地区：英国

出生时间：公元 1736 年

逝世时间：公元 1819 年

主要成就：制造了第一台具有实用价值的蒸汽机

詹姆斯·瓦特，英国人，出生于格里洛克，父为商人，因投机失败而致破产。瓦特19岁到伦敦为仪器厂学徒，工作既苦，生活又艰难，故仅一年即弃之，很快便回到苏格兰，对于制造所用工具固未得到充分的知识。归来欲在格拉斯哥开一仪器店，但因学习年限不足未得许可。后受格拉斯哥大学援助，始于1757年在大学区内开设一间专为大学而设的数学仪器店。布莱克教授对于他的援助最多，友谊亦最深。

1759年瓦特始知有蒸汽抽水机，当时称为"火机"，因此引起了他的兴趣，经过了许多的艰难困苦，方得逐渐为之改良。开始是布莱克解囊相助，到无以为继的时候，又介绍他到一个矿业家罗巴克那里去，一面替罗巴克测量，一面改良他的汽机，来抽取矿坑中的水。如是又过了9年之久，终于矿山被水淹了，罗巴克落得满身是债，其穷困不亚于瓦特。

1774年瓦特经此失败之后，知道在苏格兰已无立足之地，于是赴伯明翰与马修·博尔顿合作，又经两年之久，第一台蒸汽机方始完成。从此以后，就一帆风顺，直到衰老。老年因心境日顺，极为舒适，就是素患的头痛，也都不再发作。终身共结婚两次，原配中年即逝。瓦特于1819年卒于希斯菲尔德，葬于汉兹沃思教堂内。

瓦特对于纯粹科学亦有若干年贡献。曾与普里斯特利合力研究水之分解，后来由卡文迪许收其大成。他对于功的观念极为清晰，这在发明汽机时极为重要。他又用压力和体积的乘积来测定其水泵中的功，并且还发明指示器来作测定时使用。还有现在使用着的功率单位马力，也是由他开始的。

30. 拉格朗日

名满天下的数学家和物理学家

国籍或地区：法国
出生时间：公元 1736 年
逝世时间：公元 1813 年
主要著作：《分析力学》《解析函数论》等

约瑟夫·路易斯·拉格朗日，法国人，自其曾祖即移居意大利，世为意大利军官。

拉格朗日生在意大利的都灵，入当地大学初嗜古文及科学，偶读哈雷论文，遂生研究数学之心，从此以后即独立自修。行年 18 岁，竟任炮兵学校几何学教授，翌年致函欧拉，告以新得一法，解决等周问题，并由此而成变分学。1758 年创办都灵研究院，发刊院报 5 册，论文出其手者颇多。

1761 年，拉格朗日已成为当时数学最高的权威。但因多年勤劳，体力大衰，虽经休养，神经依然不能恢复。

1764 年获得巴黎研究院奖金，其应征之题为《月球天平动》，文中即使用其以之成名的方程式。巴黎研究院得此结果，极为满意，遂于 1766 年再出土星系一题，结果仍为拉格朗日当选。其后又连得 1772 年、1774 年及 1778 年之奖金。后游巴黎，得晤同道达朗贝尔等。

1776 年，拉格朗日受欧拉、达朗贝尔的推荐，赴柏林继欧拉之后，任研究院院长，腓特烈大帝声言以"欧洲最大之帝王"，须得"欧洲最大之数学家"为臣。此后拉格朗日即留居柏林历 20 年之久，陆续发表代数、力学及天文方面的论文不少，他的名著《分析力学》也就是这个时期刊出的。

腓特烈大帝死后，拉格朗日应路易十六之聘，移住巴黎。时当革命时期，然对拉格朗日的优待却始终未衰。

1792 年，拉格朗日与天文家勒莫尼耶的女儿结婚，年龄虽相差极远，然婚后却极圆满。1793 年被推为改定权度委员会主席。1797 年任新设巴黎

综合理工大学教授，其讲演之典雅而富有创造性，与其著述相等。同年刊成《解析函数论》。1810 年着手改订其《分析力学》，未及成即于 1813 年逝世，葬于先贤祠内。其为人极谦逊，对于辩论深恶之。

31. 舍勒

氧气的发现者，以身试毒的科学勇士

国籍或地区：瑞典
出生时间：公元 1742 年
逝世时间：公元 1786 年
主要成就：发现氧气、氯气、有机酸等

卡尔·威尔海姆·舍勒，瑞典人，出生于施特拉尔松德，幼为药房学徒，15岁即在职务余暇研究化学，终身视为无上的快乐。所读各书，均从头到尾，一字不遗，然亦仅限于一遍，最多不过两遍，即不再翻阅。从小所做的实验，随时都记得清清楚楚，所以同时代许多受过严格训练的人都不及他。

舍勒最出名的发现，是他所谓的"火气"，也就是我们现在所说的氧气，此外还有许多重要的化学事项。又开拓出植物酸的新天地，发现甘油、钼酸以及钨酸等。又研究过银化合物受光作用后可以变黑。用玻璃的棱镜发现太阳光谱中紫色一端对于这种发黑的作用最强，因此引出后来紫外线的发现。

舍勒除化学之外，对热学亦有很大的成就。他认出辐射是热的传播方式的一种，和通常所知道的在金属中的传导及在液体中的对流不同。那两种传播方式是由布莱克认出的。人们很早就知道使用凹镜或透镜可以将太阳光的热集合在焦点上和将光集在焦点上相同，但当时的人还认为是光的作用。后经舍勒用许多简单的实验，才将热和光分离开来。

舍勒一生做过近千个实验，甚至亲自闻过有毒的气体，尝过剧毒的化学物质，因此身体受到严重的损害。他虽然视事业为生命，想一刻不停地工作下去，但身体状况的恶化使他常常卧床不起。舍勒因研究用力过度，且大都在深夜进行，所以得了风湿病，竟至不治，卒年仅44岁。

32. 伏打

被拿破仑执意挽留的人才

国籍或地区：意大利
出生时间：公元 1745 年
逝世时间：公元 1827 年
主要成就：发明伏打电堆

亚历山德罗·伏打，意大利人，出生于科莫，系出世家，29 岁即在其本地高等学校任物理学教员。1779 年担任帕多瓦大学物理学讲师，同时到各处游历，结识伏尔泰于瑞典，结识拉瓦锡及拉普拉斯于巴黎，结识普里斯特利于英国。

伏打对电学涉猎极深，尤精于实验。他用两根稻草制成静电计，用来测定，结果异常精准，尤其是和电容器连用时，更为满意。他的电容器是由两块金属板中夹一薄层洋漆而成，实际上相当于一个高电容的莱顿瓶。这个静电计曾风行一时，后来始由金箔验电器出而代之。加用容电器后，测定之电压可增大百倍。他曾发明的起电盘，致力于电学上的测定。

还有大气中的电，也是由他开始加以测定的。对于蛙腿的实验，最初不过和伽伐尼略有不同而已，后来竟得一个新发现，筋肉的抽动不一定需要有电从神经传到筋肉，只要神经上受到电的刺激即足以发生。后来他就用蛙腿来代替以前所用的验电器来检查带电现象，灵敏度更佳。1796 年发表其所得结果，用两种不同的金属互相接触，能够发生带电现象。并将金属等导电介质排列成为一定的次序，任取两种均能有效，不过位置相隔越远，电动势越大。这就是伏打系，以锌为始，以碳为终，铜居中央，位置在前的对于在后的，恒为正极。又发现专用此种金属，所发之电立即互相抵消，必须兼用第二种导体如液体、蛙、人舌等类，方能发生稳定的电流。结果于 1800 年发明最著名的伏打电堆和伏打电池，以后即无其他的贡献。

1804 年曾拟辞帕多瓦大学教授的职务以备退隐，但拿破仑不允许，其理由如下："我不能同意伏打的辞职，假使他觉得职务过重，尽可加以限制，每年演讲一次就行，假使我允许这样鼎鼎大名的人物离开了帕多瓦，岂不是使帕多瓦要受到致命的创伤吗？何况大丈夫应该马革裹尸呢？"因此他就留了下来，经过许久，直到1819年才得隐退，回到故乡科莫享受林泉之乐，享年82岁。

33. 伦福德

英国皇家学会会员，当过间谍的物理学家

国籍或地区：英国
出生时间：公元 1753 年
逝世时间：公元 1814 年
主要成就：确立了热的运动学说

伦福德伯爵，本名本杰明·汤普森，世出英系，生于北美，仕于德而殁于法，身任军政要职，对科学有极大的建树，是一个奇才。家甚贫，不能受充分的教育，13岁时即出为商店学徒，暇辄自修，不久后居然改业教师，后又娶一位富孀。

美国独立战争爆发后，他即投军从戎，加入美国军队，成为英国间谍。但不久因思想接近贵族而受嫌疑，逃避于英舰，与其妻遂作永别。当时他们的女儿尚在摇篮中，得返父居已在20年后矣。

自离美后，即入英军，不久擢升拓殖部次长，科学研究即从此时开始。最初不过限于军器一方面，后为德亲王特奥多尔赏识，邀入巴伐利亚军队中迭任要职，最后升陆军部部长。因得一工厂任其研究，伦福德在科学上成名之实验，即得之于此工厂中。

伦福德的科学研究为热学。当时对于热，认为异常神秘。虽自布莱克以后，知道如何去测定，又知道有许多的化学变化需要加若干的热方能进行，还有物质的溶解蒸发也都离不了热，却无法使天平将所加的热感受出来。因此遂想到这是一种没有重量的物质，并且由拉瓦锡替这种物质取了一个名字，叫作热质（卡路里）。没有重量的物质不仅此一种，化学上这一类的物质，日逐还在增加不已。这都是些基本物质，虽然有时看上去好像也会消减，但其量总是一定的，在化学变化进行中，它们的性质也是不变的。同样，当冰融解成水时，热看上去好像消减了，但若水再凝结成冰，热又再现出来。还有一些化学变化，例如燃烧，不仅不需要热，反而会产

生出热来。这种见解遇到了普通的现象，如摩擦生热，就发生困难了。因为这样发生的热，我们实在无法察知究竟从何处而来，也无从发现此后何处缺少了这些热。

伦福德在兵工厂内用钻在炮身上穿孔时，发现所用的钻钝了的时候，炮身异常地热。因此做过许多的实验来检验当时所想到的摩擦热的来源。可是摩擦过人往往会使两物体成为粉屑。假使所成的粉屑对丁热的容量比原来整块时为小，那么就可以说，热的发生即出于粉屑的形成。实验的结果，炮屑的热容量和炮身原来的热容量并没有多少差别。但又可以说，热的发生是由周围的空气。因此他又在密闭着的空间中，最后甚至到水面下去实验，结果发生的热丝毫也未曾减少。有一次他故意用一个钝钻在水中连续不断地钻上两个半小时，结果水竟沸腾起来，并且钻若不停止，水的沸腾也不停止。这使得旁观的人为之惊异。他还计算山单位时间所产生的热量，除去由周围散逸的之外，至少和 9 支大蜡烛的燃烧时发生的热量相等。由此断定热绝不是物质，因为从一块金属上可以引出无穷尽的热来。在进行中供给到金属块上去的只有运动，要说热不是运动真是难以想象。这个结论又隔 60 年后才得到完全的确立。

后来伦福德又做过许多关于热素的测定，1799 年发明了精准的仪器，可以避免温度对于天平的影响及其他的误差，结果仍不能将所谓热素测量出来。

伦福德后来对于巴伐利亚异常爱护，曾为巴伐利亚改革军制，并发明了种种器具，以利贫民，巴伐利亚人对之亦极爱戴。晋封伦福德伯爵，是后即用此名自称。1799 年特奥多尔死后，伦福德的地位发生动摇，遂决计赴巴黎，备受拿破仑欢迎。卒年 61 岁。

34. 克拉德尼

他发现了声音的"形状"，拿破仑看了他的表演都说好

国籍或地区：德国
出生时间：公元 1756 年
逝世时间：公元 1827 年
主要成就：发现了克拉德尼图形

恩斯特·弗洛伦斯·弗里德里希·克拉德尼，德国人，出生于威登堡，本学法律，自父死后即改学科学。克拉德尼是实验声学的鼻祖。他研究棒的扭力振动及棒或弦的纵振动，并利用这种现象来测定声波在固体中传播的速度。又用风琴馆来装入各种气体，由此测定声波在空气以外的各种气体内传播时的速度，又测定由此发出的声调。

他对于板的振动研究尤为著名，板上沙粒排成的形状，至今还称为克拉德尼图形。1809 年，他将所得的图形拿到法国的研究所去表演，受到极热烈的欢迎，又在拿破仑面前表演一次，拿破仑赠送给他 6000 法郎的巨款，使他著述的《声音的形状》一书能够译成法文出版。

他还制成了一种乐器，名为"悠风号"，带到德国、法国、意大利各处去演奏，或演讲科学，借以维持生计。卒于弗罗茨瓦夫。

35. 道尔顿

付出和回报不成正比的苦命科学家

国籍或地区：英国

出生时间：公元 1766 年

逝世时间：公元 1844 年

主要成就：提出原子论和道尔顿分压定律

约翰·道尔顿，出生于英格兰西北部，父为纱厂工人并租地耕种。道尔顿幼年即在自家附近的学校受教育，但13岁即出为人师，并助其父耕种。后来，他回到之前就读的那所学校任教，同时奋力自修，撰有数学论文发表。27岁赴曼彻斯特，终身未他去。因其生活简朴，故教书所得已足维持生活，终身未娶。

道尔顿的实验研究，方式极为简单，大都关于气体及汽的方面。那时水银温度计已制成，所以关于空气及在种种温度中的水汽的习性的研究也正在开始。尤其是关于体积、压力及温度间的关系，众说纷纭。这些问题最初得到全部的解决者，就是道尔顿。他将种种的汽导入气压计的管内，并将气压计管放到各种不同的温度中加以研究，由此得知每一温度必有一定的气压存在，与之相应。至于残余的液体有多少，以及汽的体积有多少，都与此不产生关系，这是决定蒸发、凝结以及沸腾等现象的基础事项。

他还制成气压表，又发现在同一空间中，纵令同时还有别的气体存在，但各种温度所应有的气压仍旧不变。关于气体的压力，可从波义耳和马略特的定律去求，而气压则仅由温度即可决定，两者各不相涉，不过共同存在时须将两者加起来。但若管内的汽未达饱和状态，即没有剩余的液体存在时，管内的汽就和通常的气体性质相同，须遵从波义耳定律而已。

与此相连，道尔顿又曾研究过气体在定压下受热时所发生的体积变化。1802年发表其结果，各种气体每升高1℃都会膨胀相同的体积，在冰点至沸点之间，其体积必膨胀冰点时的体积的 $\frac{100}{256}$。但盖－吕萨克已略在他

之前发表了，所以现今这个关系都称为盖－吕萨克定律。据后来精确的测定，气体的膨胀系数为$\frac{1}{273}$，较道尔顿及盖－吕萨克的结果，都要略微小些。

道尔顿曾用他制成的气压表来测定空气里面的水汽分量，使用的方法和现今的零点温度计完全一样。虽然现在的零点温度计使用起来比较方便，可是来源还是由道尔顿发明的。

气体被压缩时生热，膨胀时生冷，这也是道尔顿发现的，并且由许多实验证明这是气体的一种特性，并非由摩擦产生。后来卡诺和迈尔的研究，亦得力于此。

道尔顿的发明虽多且极重要，但在当时并未得到相当的酬报，直至1833年才受到英王赐给他的微额的年薪。再11年后逝世，享年78岁。

36. 安培

用科学抚平悲痛，最终成为物理学大家

国籍或地区：法国

出生时间：公元 1775 年

逝世时间：公元 1836 年

主要成就：发现安培定则、发明电流计

安德烈·马利·安培，出生于法国里昂附近的波勒米，父为富商。安培幼即长于数学，18 岁时父为革命党所杀，悲恸彷徨达一年以上，直至对于植物学感到兴趣，其悲始消。后又作诗不少。

24 岁结婚，生活复趋一定的方向，安居里昂，教授数学。后又在里昂近旁的勒布尔学校中任物理学及化学教授，因其妻病重，未能同去，且婚后仅仅 4 年便丧偶，终身未曾忘此惨痛。1809 年任巴黎综合理工学院数学教授，其研究均成于此。

当时关于电兴磁的现象虽已有不少人研究，可是情形还很纷乱，连"电流"这个名词都还未曾发生，或是说电的流动，或是说电的碰撞。直到 1820 年，才由安培决定了电流的名词，并将正电荷流动的方向定为电流的方向，将电的张力和电流区分出来。电的张力就是我们现在所说的电动势或电压。安培还进一步去测定在一定张力下的电流的强度，已经接近欧姆定律了。又提出他的左手定则（即安培定则），去决定磁北极对于电流偏转的方向，到现在我们还在使用。又发明了"静电学"和"动电学"两个名词，说明这两者之间截然不同的区分。

当时已经知道了两个电荷间，两个磁极间，都有库仑定律所规定的引斥力作用，又由奥斯特发现电流对于磁极的作用，因此引起了安培的疑问，是否电流对于电流，亦有相互的力作用。遂于 1820 年开始做实验研究，使用种种形状的导线——其中的螺线管也就是他发明的——结果得知两导线间不仅有力的作用，而且还可使用牛顿的反作用定律。载有电流的导线，可以引起磁针的偏转，磁针的偏转也可以引起电流的流过，因此使他想到一条磁铁和有电流流过的螺线管相同，并用实验来证明他的设想。他认为一切的磁铁都可以看成由圆形电流合成的，电流的方向相同，互相并排排列。使用这样的圆形电流，的确可以将磁铁的各种效应全部表出。

37. 高斯

伟大的数学家和杰出的物理学家

国籍或地区：德国

出生时间：公元 1777 年

逝世时间：公元 1855 年

主要著作：《算术研究》《天体运动论》等

卡尔·弗里德里希·高斯，德国人，出生于布伦瑞克，父为砖瓦匠，家极贫。生而颖悟，自幼极长于计算。曾戏谓"我懂得计数还在我能说话之前"，因此被布伦瑞克公爵赏识，出资供其就学，先入卡罗莱恩大学（今布伦瑞克工业大学），继入哥廷根大学，19 岁即发现圆内接正十七边形方法，以后更倾全力研究，遂成最小自乘法，又开始整数论的研究。1798 年毕业后径返布伦瑞克以教书为生。1807 年虽受俄皇之聘，但未接受，同年哥廷根创办天文台，任其为台长，终身未他去。

高斯的整数论发表于 1801 年，题为《算术研究》，其后更研究天文学、测地学、电学、力学之外，在数学方面涉及曲面论、复素数论及非欧几何学等，范围极博。曾云"数学为各种科学之女王，而整数论又为数学中之女王"。1809 年著《天体运动论》，为拉普拉斯所激赏，终身为数学界最高的权威。举凡 19 世纪中之数学，大都与高斯有关，则其重要可知。

高斯于 1829 年发表一种新力学定律，称为最小拘束原理。旧时如达朗贝尔使用虚位移原理，将静力学认为动力学的基础。高斯则不然，认为在科学发达的最高段落，应将静力学看作动力学的特殊情形方为得当。因此提出其最小拘束原理，内容是说由质点集成的质点系，不问各质点的结合情况如何，以及所受外来的限制情形如何，全系的运动务求在各瞬时尽量得到自由运动，并在最小拘束的条件下发生。所谓拘束，是用各质点在想象中的运动和实际运动离开的距离的平方和各该质点的质量的乘积来量度。这个原理可以代替达朗贝尔的定律，也可以从达朗贝尔定律将这个原

理推出来。

　　高斯对于电磁方面的研究约在 1830 年开始，1833 年发表《以绝对单位测定的地磁强度》论文，文中使用了绝对单位制，并命磁场的单位为 Gs（高斯）。又与韦伯合作，建成了一间不用铁的观象台，在里面做实验研究。并且还组织了一个德国磁力协会，在欧洲各处在一定的时间观测磁力。特与此项工作制成了种种单悬双悬的磁力仪。这个协会从 1834 年到 1842 年所得的结果，做成了一篇报告，题名《磁学会年度观测成果》。文中记有平方反比律和高斯的地磁论，是用数学表出地面上的磁力分布。他又应用数学去解决静电学和动电学上的许多问题。

38. 盖－吕萨克

第一个搭乘氢气球飞上高空的科学家

国籍或地区：法国
出生时间：公元 1778 年
逝世时间：公元 1850 年
主要成就：发现气体热膨胀定律和盖－吕萨克定律

路易·约瑟夫·盖－吕萨克，法国人，出生于法国南部圣莱奥纳尔－德诺布拉，父为法院推事，幼入专科学校，后历任各处物理学及化学教授，并入贵族院，卒于巴黎。

盖－吕萨克得名于气体膨胀的研究，与道尔顿的发现同时，其测得的气体膨胀系数，较之后来精确数值而略大，因当其实验时，还有容器本身的关系，未曾注意到所致。盖－吕萨克又与洪堡（1769—1859）合力研究气体化合时容积的关系。1795 年先就氢与氧化合成水时的比例实验，结果同 24 年前卡文迪许所得的数据相同，约为 2∶1，盖－吕萨克和洪堡的结果与此也极吻合。此后盖－吕萨克又于 1808 年继续独立工作，弄清了盐酸与氨、二氧化碳与氨、一氧化碳与氧及其他种种气体化合时的容积关系，都很简单。

盖－吕萨克还做过一场实验，就是 1804 年和毕奥两人搭乘气球升到 4000 米的高空去测地磁，这是人类第一次飞离地面的记录，其后又于同年再飞一次，达到 7000 米以上的高度。

除地磁而外，他还测定了大气的温度和湿度，并且还采集了各种高度的空气标本。由磁力的观测结果断定和高度毫不相关；由分析空气标本的结果，得知其组成亦与高度无关。

关于盖－吕萨克所著的论文，据皇家学院的记载，已达 148 篇之多，其与他人合作者，尚不在内。

39. 泊松

保姆把他挂在墙上，引发了他对摆的运动的研究兴趣

国籍或地区：法国
出生时间：公元 1781 年
逝世时间：公元 1840 年
主要成就：发明泊松方程、发现泊松定理

西莫恩·德尼·泊松，法国人，出生于皮蒂维耶，父为兵士，幼时寄养于保姆处，据其自记：

当父亲来探望我的时候，恰遇保姆不在家中，保姆临出门前，恐我被动物咬伤，所以拿一条绳子将我缚住，挂在墙壁的钉子上。我在被挂着的时候，想要做做体操，于是就使得我的身体摆来摆去地振动起来。因此我对于摆的实验，很早就亲身尝试过了。后来长大，对于这个问题，还是费了不少时间继续研究。

长大后，其父欲其学医，但他对此不感兴趣，17 岁时遂入专科学校，为拉普拉斯及拉格朗日所赏识，终生成为挚友。

1800 年发表两篇论文，一论消去法，一论有限差，时仅 18 岁，此后生涯均在继续研究及讲演。1802 年任专科学校助教，1806 年任正教授，1808 年任经度局技士，翌年任科学院力学教授。

泊松的研究，范围极为广泛，所撰论文达 300 余篇之多，最重要的贡献，集中于理论物理学方面，尤以静电学及磁学的研究为甚。在教学上人都为定积分及傅里叶级数，还有关于变分学及概率的论文。

除论文外，又有若干种书籍出版，各成一部分，目的似在撰成理论物理学全部，惜未及成即已逝去。其中最著名的有下列数种：声价历久不衰、成为力学标准之作的《力学论著》（两册，1811 及 1833 年），《毛细管作用新论》（1831），《关于热的数学理论》（1835），《对审判概率的探讨》（1837）。

40. 贝塞尔

他推测出了海王星的存在，提出了贝塞尔函数

国籍或地区：德国

出生时间：公元 1784 年

逝世时间：公元 1846 年

主要成就：算出哈雷彗星的轨道，提出了贝塞尔函数

弗里德里希·威廉·贝塞尔，德国人，出生于明登。素好数学，对于拉丁文法则深恶之，故择业营商，于 15 岁入商店，夜间苦读，如是历 7 年之久。

1804 年算出哈雷彗星的轨道，为奥伯斯（1758—1840）所激赏，为之刊印，并荐至施罗特天文台任助手。后柯尼斯堡建设天文台，聘往监造，并任台长，终生未他去。

除观测而外又兼授数学，直至 1826 年雅可比到后，始专力研究实地天文学及测地学，成为此两科之鼻祖。又一度测定秒摆的长度。

贝塞尔的发现中，以贝塞尔函数最为著名，应用极广，尤以在弹性力学中，为不可或缺的要具。实则另阶贝塞尔函数已见于 1732 年丹尼尔·伯努利的论文中，在欧拉的悬线振动的论文中也有记载。后来到 1878 年始由瑞利证明贝塞尔函数不过是拉普拉斯函数的特别情形而已。

在发现海王星的前 6 年，贝塞尔已从数理上断定有海王星的存在。

41. 夫琅禾费

从贫穷的玻璃店学徒逆袭为光学大咖

国籍或地区：德国
出生时间：公元 1787 年
逝世时间：公元 1826 年
主要成就：发现了夫琅禾费线

约瑟夫·冯·夫琅禾费，德国人，出生于巴伐利亚的施特劳宾，为一家玻璃店主的第十子。

夫琅禾费家境极贫，早年丧父，12 岁即到慕尼黑一家玻璃店当学徒，因无力付学费，故兼做店中杂务及厨房中的事务，须满 6 年始得自由。但入店两年，店房即倒塌，他被人从砖瓦下救出，居然未受伤，因此引起当地选帝侯同情，赠予相当金额及书籍，因以一部分偿还店主，赎得自由，余款用以购置磨玻璃机，又学得刻金属方法，图自力生活。结果完全失败，除回转其旧主处，别无善法。如是历时 5 年后，改入一个较大的光学仪器工厂，由此遂逐渐得名。

他对于工厂中各项机械均有所改进，尤以玻璃制造为最。他能够制成很大块的火石玻璃，完全没有条痕，可供最精密的光学仪器使用。并且将制成的玻璃磨成棱镜，测定其折射率，由此可以自由配成各种折射率的玻璃。他因此得到两种收成，第一种就是夫琅禾费线的发现，是牛顿所未发现的；第二种是造成更有效更富于折射性的大望远镜，以供天文学上使用，尤其是供测定之用。

用夫琅禾费的玻璃制成的棱镜，可以造成很纯粹的光谱，程度远在牛顿的光谱之上。并且还知道许多制成纯正光谱所需要的条件，例如调整光线的缝，通入棱镜中的光线，方向必须平行，观测必须使用一个望远镜之类，因此成为一个新的发现。看见了日光谱中有很多数暗线存在，并且变更了实验的情况，来将这些暗线的地位精确测定，断定是由于日光的本性而来，和绕射等并无关系。只要是用日光，无论如何改变环境，他都可以得到这些暗线。他又用金星的光来实验，这些暗线依然存在。有些亮的恒星，则现出另一群的暗线，但还不知道利用此理来做天体的分析，45 年后始经本生和基尔霍夫两人完成这项工作。不过他总算开辟了这条大路，留供后人研究，并且他绘成的暗线图谱，直到后来基尔霍夫的研究未成以前，都没有人有他那样完全。他用罗马字母来定这些暗线的名称，红色部中的为 A，紫色部中的为 H，现在我们仍在沿用。由此他可以从可见光中任取一定的色光来供使用，这都是以前办不到的。要测定各种玻璃制成的透镜，对于各种色光的折射率，这是重要的事项，尤其是制造望远镜上的消色差透镜是不可或缺的条件。

大约在 60 年前，就有人想用两种玻璃来制成两个透镜，使能消去色差，可是因为他们的折射率对于各种色光不能满足某几项条件，所以未能得到充分的把握。但经夫琅禾费利用他发现的光谱暗线以及由他制成的毫无条痕的大块玻璃，居然达到目的，造出了亘古未有的大望远镜，以供天文观测之用。由此发现了天鹅座内第 61 号恒星以及织女星的视差，以后陆续发现不少，现在已知有千数以上之多，都是从夫琅禾费开端的。

　　夫琅禾费对英国物理学家托马斯·杨（1773—1829）所主张的波动说，得到一个大的进展，即造成了纯正的光栅光谱，和用棱镜造成的光谱不同，其排列的地位完全由波长而定。譬如极端的红色光较之极端的紫色光，波长大一倍，在光栅光谱中的偏转，也增加一倍。经他造成的最精巧的光栅，每1毫米内刻成300条平行线。光栅越密，造成的光谱越长。光栅光谱中也同样有夫琅禾费暗线，更证实了他的见解，认为完全是出于太阳光的本性。

　　夫琅禾费对于研究极为勤勉，尤其对于光学仪器的工厂最为关切，从不肯休息，即便1825年他患肺炎期间，也未曾停止工作。一生未曾结婚，居处甚为简朴，病后迄未恢复，死时仅39岁，葬于尼克，墓碑上刻着 Approximavit Sidera，意谓他使星体与我们更加接近。

42. 欧姆

他发现了欧姆定律，却迟迟未得到重视

国籍或地区：德国
出生时间：公元 1787 年
逝世时间：公元 1854 年
主要成就：发现了欧姆定律

乔治·西蒙·欧姆，德国人，出生于埃尔朗根，父为机械工厂主人。早年丧母，除在学校攻读外，更由其父授以数学及物理学，因此其父将其自身幼时所习之课本，重新取出，自己一面做工厂中的工作，一面还要自修，以便传授其子。

欧姆自16岁始入埃尔朗根大学，学习数学、物理学和哲学，但并无特别嗜好此类学科的表现。两年后因缺学费，遂离校到一家私立瑞士学校中教书。后来始在埃尔兰根大学取得学位。

1813年至1827年，欧姆先后在班贝格及科隆两处学校任物理及数学教员。他在科隆10年之中发表了不少论文，多为二流作品，但其中却有一个小册子，于1827年在柏林出版的，题名为《伽伐尼电路的数学论述》，就是后来成为电流学基础的欧姆定律。因为当时他既没有多余的空闲时间，也没有充分的设备，所以这个小册子还是分期发表、后来集合而成的。

欧姆知道这个发现异常重要，希望获得社会上的认识，尤其希望得到一个比学校教员待遇略好的工作。然而社会对他却异常冷淡，如是一直等候了5年，又向巴伐利亚王请愿了许多次，然后才到纽伦堡的专门学校中任教，历时16年，其间始渐渐得到了社会上对于他的认识，尤其是外国来的荣誉。到了60岁始偿夙愿，回到慕尼黑大学任教。更经过5年之后，偶患小病，竟致不起。

原来物理可以这样学
YUANLAI WULI KEYI ZHEYANG XUE

43. 卡诺

生前默默无闻，死后声名大振

国籍或地区：法国
出生时间：公元 1796 年
逝世时间：公元 1832 年
主要成就：提出卡诺循环、卡诺定律等

尼古拉·列奥纳多·萨迪·卡诺，法国人，出生于卢森堡，父为名将，有"胜利的组织者"之称，长于数学及工程。卡诺自幼即入查理曼高中就学，并由其父自授以数学。

1812 年入专科学校两年后退学，编入梅斯工兵队中，职位少尉，转移各地历 5 年。

1819 年返巴黎，升中尉，随即退役，专力致学，于数学、化学、博物、工程、经济学等，均皆涉猎，又嗜美术音乐以及各种游艺。

1826 年复入军队，翌年升机关大尉，再一年复辞归，以后全力研究。

1832 年患热病，旋染霍乱，遂不救，死于巴黎。

卡诺生前著述，仅有一种，题名《关于火的动力》，于 1824 年出版，发行处既不为人所知，印行部数又少，故未为人注意。10 年后始经克拉珀龙（1799—1864年）在其论文《关于热动力的备忘录》中为之表扬，认为卡诺之文，既极紧要而又毫无缺点，并为之增加图解及解析上的说明。克拉珀龙之文，虽经登出然仍毫无反响，直至1843年波根多夫为之译出，始入开尔文（1824—1907年）之目。开尔文为欲得其原书，曾四处探寻，费尽无穷之力，终无所得。曾自记其搜寻经过如下：

我去了我能想到的每一家书店，寻找卡诺所著的《关于火的动力》，"凯诺？我不认识这个作者"。我费了好大的工夫才解释清楚，我指的是卡诺而非凯诺。"噢！卡诺（Caurnot）！这是他的书。"那是一本关于社会问题的小册子，由伊波利特·卡诺出版。《关于火的动力》完全不为人所知。

结果于1848年，始由戈登教授赠予一册，经开尔文与克劳修斯详加研究，其价值始为学界所知，一时欲读原书者陡增。1871年始由《巴黎高等师范学院科学纪事》为之重印，后于1878年又有单行本刊出。前引开尔文文中所说之伊波利特·卡诺为卡诺之弟，他得悉此事，乃将其兄传说、照片及未刊遗稿之一部送交巴黎研究院中，1927年其遗稿之残部复得出版。

由卡诺留下的著述，可知他对于热的本性有深切的了解，知道热即是能、能即是热。并且他还有许多的方式求出热之功当量，和后来焦耳所用的穿孔的活塞以及开尔文的多孔插头实验大致相同。可逆热机的效率由两温度之差而定，成为热力学的基础原理，也是由他而得的，通常就称为卡诺原理。

44. 亨利

他对电磁学做出了巨大的贡献

国籍或地区：美国

出生时间：公元 1797 年

逝世时间：公元 1878 年

主要成就：发现了电磁感应现象

约瑟夫·亨利，美国人，出生于纽约之奥尔巴尼。系出苏格兰，13 岁入乡村学校，对学习不感兴趣，遂入钟表店为学徒。16 岁偶阅生物学书，就学兴趣油然而生，遂再埋头苦读，并入奥尔巴尼学院教书以维持生活，毕业后又习化学、解剖学及生理学，欲以医生为业。

1825 年任国道测量员，遂改业为工程师。

1826 年复返奥尔巴尼任数学及物理学教员。

亨利开始做电磁学实验的时候就发明了磁力的绝缘导线，又发明了线轴（变压器骨架），发现了电池的电动势和磁铁的电阻间应有的比例定律。

电动机和发电机中所用的电磁铁就是亨利在 1829 年发明的。电磁电报也源自亨利，并且还在奥尔巴尼实施过。1829 年，他发明了第一部电动机。1832 年发现了自感应，所以现在对感应电阻，就用他的名字来作单位名称。他也独立发现了互感应，和法拉第不相关，不过法拉第发表在前，所以现今都归功于法拉第。

1832 年后任普林斯顿大学物理学讲座，兼教授数学、化学、矿物学、天文学及建筑学等。

他还发明了变压器，并利用远在 8 米处的电闪来磁化一条磁针，成为电磁波的最早利用者。1835 年又发明了替续器，以作远地通信之用。同年又创始利用地球来作地线。1842 年发现了放电的振动性。除电学外，尚有种种发明。此外又创办史密森学会及美国国家气象局等。

45. 惠斯通

生性羞涩的物理学家，现代电报机的发明者

国籍或地区：英国
出生时间：公元 1802 年
逝世时间：公元 1875 年
主要成就：发明了现代电报机

查尔斯·惠斯通，英国人，出生于格洛斯特，幼年入私学，后以乐器技师为业，曾有不少声学实验。

惠斯通为人极羞怯，不擅长登台演讲，凡有所发明，均赖法拉第在皇家研究院之星期五谈话会中为之发表。

1834 年任命为伦敦国王学院之实验哲学教授。其时惠斯通正决心利用旋镜来测定导体中放电的速度，后来发展成为极为重要的结果。由传电速度之大，遂想到利用之为通信工具。后经无数的劳力实验，果然于 1837 年取得专利权。

惠斯通的重要发明是极复杂又极精致的仪器。对于密码电报亦感兴趣，并有所发明。对于固体中声音之传播、克拉德尼图形的解释、新乐器的发明均有论文发表。又发明发音体振动显像仪（示振器），将发音体的运动显出，使能目睹，又发明立体镜。还有论文讲述眼的构造、视觉的生理学、双眼视力及色彩等。又指出用各种金属极放电时出现的光谱各不相同。

但其最重大的贡献还在电学方面，电报得以发达全赖他的研究。海底电报最初的实验也是由他开始的。他还发明了许多接放电码的自动机。1868 年他的自动电报功成，晋封贵爵。

现今成为电学测定要具的惠斯通电桥，用途极广，是由他自 1847 年开始用的，故冠以他的名字。

46. 多普勒

善于创新的天才，多普勒效应的发现者

国籍或地区：奥地利
出生时间：公元 1803 年
逝世时间：公元 1853 年
主要成就：发现了多普勒效应

克里斯琴·约翰·多普勒，奥地利人，出生于萨尔茨堡，在萨尔茨堡及维也纳受教育。

1850 年任物理研究所所长兼维也纳大学实验物理学教授。其早年著述大多是关于数学方面，但其成名则在物理学方面。

1842 年发表一文，题为《论天体中双星和其他一些星体的彩色光》，其中即载有多普勒原理，又称为多普勒效应。用声学来类推，从运动着的声源而来的声音和运动着的天体而来的光，情形应该类似。声音既因此而变更其音调，所以光也应该因此而变更其色彩。后来果经菲佐之手于 1848 年由实验为之证实。现在天文学上还应用这个原理来发现双星。多普勒效应还被应用于医学方面，人们通常所说的"彩超"即利用了这一原理。

47. 本生

本生电池和本生灯的发明者

国籍或地区：德国
出生时间：公元 1811 年
逝世时间：公元 1899 年
主要成就：发明了本生电池和本生灯

罗伯特·威廉·本生，德国人，出生于哥廷根，父为语文学教授。17 岁即入本地大学，毕业后曾赴柏林、巴黎及维也纳各地游历。

1836 年任卡塞尔专门学校教员，后又历任马尔堡、弗罗茨瓦夫、海德堡等大学教授，最后在海德堡达 37 年之久，成为泰斗。

1834 年本生已发现新沉淀的氧化铁可防砒毒，但真正的成功，还是对二甲胂基化合物的研究，系 1837 年在卡塞尔时代开始的工作，经过了 6 年之久，其间不仅因爆炸使一只眼睛失明，并且几乎中砒毒而死。

同时，他还研究由鼓风炉放出来的气体的成分，指出德国的炉子有一半的热量随着废气排出炉外。后来又到英国，考察出英国的炉子有 80% 的热等于虚掷。由此遂导出他对于测定气体体积的有名方法，详载于其出版的唯一著作《气体定量法》中，是 1857 年出版的。

1841 年发明了碳锌电池，现今通称本生电池。并用来发生电弧，测得使用 44 个电池可得 1171.3 瓦，而每小时不过消费一磅的锌。因为测定电弧的光度，又于 1844 年发明了油斑光度计。

1852 年使用电池组来做电解，最初得到金属状态的镁，加以种种研究，指示出在空气中燃烧时的光亮及剧烈的作用。

1855 年至 1863 年，与罗斯科合力陆续发表了不少光化学的测定，成为后世物理化学的发轫。还有本生灯也是由他发明的。此外还有 1887 年的冰卡计（冰量热器）、1870 年的汽卡计（蒸汽量热器）以及 1868 年的过滤泵也都是他发明的。

本生研究的成就，尚不止此，还有更为重要的，就是 1859 年与基尔霍夫合力研究的光谱分析，立即使他将碱族的两种元素铯和铷分析成功。又在光谱中看出有几条未知的谱线，遂着手去搜求发生这些谱线的物质，结果居然得到这两种元素的氯化物。

48. 迈尔

他最先发现能量守恒，大半生却郁郁不得志

国籍或地区：德国
出生时间：公元 1814 年
逝世时间：公元 1878 年
主要成就：发现了能量守恒

尤利乌斯·罗伯特·迈尔，德国人，出生于海尔布隆。家世业医，故自幼即受科学熏陶，中学时并未崭露头角。

18 岁入蒂宾根大学，专攻医学，应于 1834 年毕业，但因思想问题为校中革退，转学慕尼黑、维也纳及巴黎，以成其业。

1838 年向蒂宾根提交论文，取得学位，并在海尔布隆开业行医。

1840 年渡爪哇，任航海医师，第二年返荷兰。航行中有暇辄观察天文气象，并沉思苦索，得闻风浪中之海水温度渐平静时为高，又在爪哇岛上检查血液，发现其色明红，从此以后思想为之一变，认为非从物理研究，不能得到满意的解答。回家以后，虽一面开业，一面仍继续推考，总想将由热变为运动及由运动变为热的问题研究明白。并将其思想摘录出来，投之《物理化学年鉴》，惜未登出，直至 36 年后，始经左纳之手为之发现，论题为《论力的定量和质的测定》，思想虽欠成熟，但其后所撰论文大都萌芽于此。

其后更继续研究，于 1842 年撰成《论无机自然界的力》一文，登载于《化学与药学年鉴》之上，主张原因与结果相等，原因之量不灭，然其质则可变。惜因表题与内容不符，所登之杂志又非物理学而为医学，作者又为一个无名的乡间医生，遂不为世所注意。迈尔即于次年与一个富家之女结婚，家庭颇为美满，并于暇时补习数学，故此数年实为其生涯中最幸福的时期。

1845 年撰成《论有机运动与新陈代谢》一文，单行出版，内容较前扩大不止十倍，目的在叙述生物学与物理学间的关系，认为力只有一种，在

无生物界与生物界之间不绝流转，一切变化，均有此力之形态变化伴之而生。

迈尔的著作未能引起世人的注意，因当时已有焦耳与亥姆霍兹，他们对于能量不灭各有建树。焦耳的研究由 1840 年至 1843 年陆续发表，1847 年又有所论列，不仅在前不知有迈尔的论文，并不承认其功绩，因此与迈尔发生剧烈的论争，互争发现之优先权。迈尔之文，反为人所讥笑，因此极为灰心。

适当 1848 年法国大革命之际，影响所及，南德意志亦有建设共和国之运动，迈尔之长兄即参与其事，迈尔送其嫂还乡，中途被逮，后始得释。其长兄后逃美国，次兄竟留居美洲，不复返欧。同年迈尔又连丧两子，更为郁郁，竟于半夜自高楼跃下，折其右足，终身行动不复自由。

1851 年发表《关于心力》一文以后，精神更不宁，遂送入精神病院调养。出院后仍忽忽如有所失，且易动怒，更入一病院。病中历时 16 年，其间德国政治已趋安定，而热力学的基础亦已逐渐巩固，对于迈尔之功，亦渐为世所周知，尤以丁达尔对之推崇备至。

1867 年出版《维米尔之死》一书，其后尚能出赴各种集会演讲。至 1877 年，复患肺病，卒于海尔布隆，享年 64 岁。

49. 傅科

他证实了地球自转，发现了傅科电流

国籍或地区：法国
出生时间：公元 1819 年
逝世时间：公元 1868 年
主要成就：证实了地球自转、发现了傅科电流

让·伯纳德·莱昂·傅科，法国人，出生于巴黎，父业印刷出版。幼习医，对于实验物理极感兴趣，曾与菲佐协力完成光学、热学上的许多实验研究。

1850 年，傅科使用旋镜测定光的传播速度，并求得此项速度随光所通过的物质而异，即与介质的折射率成反比，最后并测得光在空气中的传播速度。

1851 年，他曾表演一个实验，用一个很长很重的摆，自由悬置着，这样一来，可以由其振动面的转动，就将地球每日的运动表现出来。又因他发明出陀螺仪（回转仪），所以在 1855 年受到皇家学会的奖章，同年被任为巴黎天文台的物理学助手。

他将一块铜板放到强磁场内，使铜板转动，因此发现涡电流，所以又称为傅科电流。

他还发明了一种偏振镜，就称为傅科偏振棱镜。又发明一种方法制造反射望远镜，使其成为旋转的球面或抛物面，对于电弧亦有所改进。

傅科一生受到的荣誉为数甚多，后患中风，卒于巴黎。其主要著述大都登载在《法国科学院院刊》杂志中。

50.丁达尔

你也许不认识丁达尔，但一定见过丁达尔效应

国籍或地区：英国

出生时间：公元 1820 年

逝世时间：公元 1893 年

主要成就：发现了丁达尔效应

约翰·丁达尔，英国人，出生于爱尔兰，得力于自修，尤受卡莱尔文字之感化。由教员改就爱尔兰炮兵测量队微职，再于1842年入英国测量队，闲暇时到兰开夏郡普雷斯顿大学听讲。1844年任铁道技师，1847年任昆斯伍德学校教授，一面继续钻研，终于在马尔堡大学取得博士学位，其论文为螺旋面论。

丁达尔的科学工作，与其谓为创造，毋宁谓为化艰深为平易。早日即以磁学研究成名，1852年当选皇家学会会员，1854年任皇家研究院自然哲学教授，因此与法拉第结为至交。1866年即继法拉第之后任剑桥大学三一学院及商部科学顾问，1867年任皇家研究院监督。其推崇法拉第之情，详见其于1868年出版的《发明家法拉第》一书。

丁达尔曾与其友赫胥黎赴瑞士研究冰河运动。但其主要的研究为各种气体或汽对于辐射热的透过性及不透过性，是他在1859年至1871年研究的。丁达尔研究所涉的方面极广泛，对于透明水汽的吸收本领有精确的成果，为气象学上最紧要的事项。又做过很动人的实验来证明天空的苍色，并用光来检查有机化合物的气相沉积，指示光线通过的途中所起的奇异现象。

51. 亥姆霍兹

他确立了能量守恒定律，发明了眼底镜

国籍或地区：德国

出生时间：公元 1821 年

逝世时间：公元 1894 年

主要成就：确立了能量守恒定律，发明了眼底镜

赫尔曼·路德维希·费迪南德·冯·亥姆霍兹，德国人，出生于波茨坦。

幼入本地中学，父为学校教师，家计不丰，不能供其做纯正科学之研究，遂入弗里德里希·威廉学院习医学，受军医训练，1843 年至 1848 年均以军医为业，驻波茨坦，其间受国定医师考试及格。同时加入新成立的柏林物理学会，对于文学数学各方面的基础，均成于此时，并独立有生理学方面的研究。

当时生理学界及化学界均极注意生命力存在与否这一问题，而亥姆霍兹的研究亦即以此为题，于 1847 年在柏林物理学会宣讲其名文《力量的保存》，成为 19 世纪划时代的杰作。对于物理学全部均用此原理为之解释，其范围且较迈尔更为广泛，并且是从数学发展而成，就连法拉第的感应定律也都包括在内。要横截磁力线而过，就得需要机械的功，其量恰和发生出来的应电流成比例，由此可见电流所生的热和由感应而作的功完全同等。这都是他论文中的新发现。

1848 年任柏林艺术院的解剖学教授，翌年任柯尼斯堡（今加里宁格勒）大学生理学教授，即于此时结婚。同年发明眼底镜，使活着的视网膜，可以得到视觉。

1855 年任波恩大学的解剖兼生理学教授。1858 年任海德堡大学生理学教授，在此始行续弦。1871 年赴柏林大学，担任第一次物理学教授。1888 年时已 67 岁，又兼任新成立之夏洛滕堡帝国物理学工程研究所（今德国联邦物理技术研究院）所长，直至其死。

　　亥姆霍兹在生理光学方面的贡献，至为重要。他研究出眼睛的光学常数，利用他自己发明的眼底镜来测定远视眼和近视眼的睛珠的曲率，说明在一定距离内眼的调节作用，论述色感现象，又解释出眼球如何运动始能由左右两眼所见的物像重合为一。尤其是使杨的色视理论，得到新生命和新发展，指出一切色彩均由红、绿、蓝三原色合成，并利用此理去说明色盲。

　　他的名著《生理光学手册》成为视觉的生理学及生物学上前所未有的重要著述，对于生理声学的工作亦有同样的重要性。他将耳中骨片的精确构造详细说明出来，又用共振原理来说明耳蜗的作用。

　　亥姆霍兹最重大的贡献要算音色感觉的说明。他由解析法和合成法来证明音色由于乐器所特有的泛音或谐音的级次、数目及强度而定，又发展成为差音及和音的理论。他在1862年出版的《音调的感觉》，真可称为生理声学的基石。他又创成母音定调论，认为母音的音调由于口腔的共振而定，即由于变声时口腔的形状而定，和发声时音节的音调无关。其晚年的研究，大致可分为下列各种：

一、能量不灭；

二、水力学；

三、电动学及电学理论；

四、气象物理学；

五、光学；

六、抽象力学原理等。

对于此各方面均有极大的成就。

亥姆霍兹对于电学方面的研究从1869年开始，延续至1871年。他曾

宣言电磁感应的传播速度在 314000 km/s 以上。赫兹此时正受业于亥姆霍兹，后来由亥姆霍兹指定一个方向让赫兹研究，结果竟将电磁波的存在表现出来。由此可见，亥姆霍兹自身的研究是怎样的有意义了。接着又发表了许多篇电动学方面的论文，都在 1870 年以后。

他又从诺伊曼的两个电流元素的电势的公式着手，研究应该要将怎样的项目加入一般式中，始能与通电路（闭路）的现象相符，关于此题，在亥姆霍兹与韦伯及麦克斯韦之间发生了一场争执。亥姆霍兹在 1874 年发表了一篇论文，题为《论静止导体电运动方程组》，就是应用他的广义公式来推算电磁扰动通过能受电磁极化作用的物体中时所起的传播状况。对于电的双层作用及电解，也著有论文。最后还发表了一篇论文详述最小作用原理在物理学上的意义，并且将这个原理应用到电动力学上去。

对于哲学和美学上的问题，亥姆霍兹也有论文和演讲。他是主张经验主义的，力反天赋观念的学说，认为一切的知识都是建筑在经验上的。

52. 克劳修斯

热力学因为他才开始成为真正的科学

国籍或地区：德国
出生时间：公元 1822 年
逝世时间：公元 1888 年
主要成就：提出热力学第二定律

鲁道夫·尤利乌斯·埃马努埃尔·克劳修斯，德国人，出生于刻斯林。幼年入什切青中学。1840年升入柏林大学，1844年毕业，因家贫教书，供给弟妹学费。1850年任柏林炮工学校物理学教授。1855年任苏黎世大学及专科学校教授，达12年之久，并于其间结婚。1867年任维尔茨堡大学教授，1869年任波恩大学物理学教授，即在此终老。

因参与1870年战争，膝上受伤，时感苦痛。但56岁犹能骑马以做运动。卒年56岁。

克劳修斯长于数理，故其成就大都关于原子物理学之抽象方面。经其手将卡诺的原理改订之后，遂使热力学得到更真切更坚牢的基础。有谓"热力学因得克劳修斯之力，始能成为真正之科学"，信不诬也。

1850年向柏林研究院提出一篇论文，发表热力学的第二定律，其陈述如下："热不能自发地从较冷的物体传到较热的物体。"他将这个结果应用到蒸汽机上去，得到极为丰富的发展，尤其是将熵的观念发挥尽致。

气体分子动力论也得到了他的益处。他将气体分子动力论建筑在热的动力论上，因此才升格为一种学说，并且还测定过与之有关的种种数值，如分子的平均自由行程之类。

对于电解现象，他也提出一种见解，说是电解质的分子在不绝地交换彼此的原子，电力并不能使这种交换发生，仅在指导其发生的方向而已。这个学说在提出时并没有多大的影响，到1887年才由阿伦尼乌斯采用来作成电解论的基础。

53. 希托夫

22 岁便获得了博士学位的物理学家

国籍或地区：德国

出生时间：公元 1824 年

逝世时间：公元 1914 年

主要成就：用电解法测定离子迁移数

约翰·威廉·希托夫，德国人，出生于波恩，为商人之子。幼即在本地就学，后又转学柏林，22 岁成博士。一年后即在本地大学任职，同时任明斯特大学物理学及化学教授。

1879 年，明斯特大学改组，物理学与化学分离，遂专任物理实验室主任。直至 1889 年因病始行辞职，时已 65 岁。休养后体力居然恢复，即在家中继续研究工作，享年 90 岁。

自法拉第以后，直至希托夫出，始再继续做电解之研究。他将电流流通时电解质内的离子运动加以精密的测定，由此遂开拓出一片新天地，使我们对于淡的盐溶液等类电解质，得知其内部的组成。后来科尔劳施就由此出发，得到现在关于电解的全部知识。

希托夫又开始了火焰传电的研究，利用本生灯可以得到极其精确的结果。发现阴极射线的许多重要性质，其成功远在克鲁克斯 10 年之前。又发现真空放电中出现的克鲁克斯暗区。此外还有关于硒和磷的同素异构性以及金属的钝态的研究。

54. 克鲁克斯

化学元素铊的发现者和辐射计的发明者

国籍或地区：英国
出生时间：公元 1832 年
逝世时间：公元 1919 年
主要成就：发明克鲁克斯管、发现克鲁克斯暗区威廉·克鲁克斯，英国人，出生于伦敦。幼在皇家化学学院肄业，后任霍夫曼的助教。1854 年转任牛津大学气象台助手，1855 年在切斯特得一化学方面的职位。1856 年结婚后即定居伦敦，专事研究，所涉范围极其广泛。曾创办化学新闻杂志，在其住宅内设有实验所。1897 年获爵位，曾获多种勋章。曾任各种学术团体之会长。1913 年至 1915 年任皇家学会会长。卒于伦敦，享年 87 岁。

1861 年，克鲁克斯用光谱分析法观测制造硫酸所得的残余物而发现了铊的独立存在，翌年在展览会中遂有此种元素面向公众。当他研究这个元素的性质时，在真空中测定其重量，无意中发现了铊的奇异性状，遂使他制成克鲁克斯辐射计（光能辐射计）。

克鲁克斯因研究稀薄气体中的放电现象，遂发现了克鲁克斯暗区。又发展一种学说称为"辐射质说"或称为"物质的第四态"。

自 1883 年开始研究稀土族的本性和组成，从钇的观察，使他成立一种学说，认为一切元素，都是从一种原始的物质发展而成的。他由人工来制造钻石，居然获得成功。

镭元素发现以后，克鲁克斯立即着手研究镭的性质。他发明了闪烁镜，利用镭的化合物遇到硫化锌屏可发磷光来检查镭的痕迹。政府方面关于化学上的问题都向他咨询。

对于公众安全，克鲁克斯建树极多，譬如玻璃熔解时发出的光于工人的目力极为有害，克鲁克斯便发明了一种眼镜，使工人戴上即可完全保障眼睛不受伤害。

克鲁克斯的著述以关于化学方面者为最多。

克鲁克斯对于精神现象的观察亦颇敏锐，很想在精神现象和通常的物理学定律之间求出一种相互的关系。

55. 瑞利

光学大师，第四届诺贝尔物理学奖获得者

国籍或地区：英国
出生时间：公元 1842 年
逝世时间：公元 1919 年
主要成就：发现惰性气体和瑞利散射、提出瑞利原理

瑞利男爵，本名约翰·威廉·斯特拉特，英国人，出生于埃塞克斯，受教育于剑桥大学的三一学院。

1873 年，瑞利继承其父爵位。1879 年至 1884 年任剑桥大学卡文迪许讲座之实验物理学教授。1887 年至 1905 年任皇家学会之自然哲学教授。1896 年任三一学院之科学顾问。

瑞利早年研究以数学方面为主，物理方面的论文有关于磁电者两篇、关于球体受辐射后之安定热状态者一篇。

其关于音学方面的第一篇论文为共振，继之撰成若干篇论文，合而成为其不朽名著《声学原理》。此外尚有论文论及固定球形容器内气体之振动声波受球形障碍而起之扰动、振动通论及多数同调异相振动之合成及绝对音调等。

瑞利对于声波的振幅做过不少实验，对于光学及色彩学也做过许多研究。关于偏极化光受微粒而起的散射及天空的色，都有论文发表，他由照相法来复制光栅，可以表现出对于实验技术的熟练。

1879年至1880年，他在《哲学杂志》上面连载1篇论文，题为《光学研究，关于分光镜》，论述光学仪器的鉴别力，后来对于显微镜尤其重要。他所研究的是与波的传播有关系的问题，并指出波速度和周期之间有怎样的关系存在。他将所得到的结果应用到深海水波中，指出地震时此种水波的任务。由水柱的不稳性的实验，引导他去研究表面张力。

他在卡文迪许实验所内曾做过欧姆数值的测定。他又得到黑体辐射内能量分布的公式，对于较长的波长可以适用。

他对于普鲁斯特的原子量假说很感兴趣，因此而做了不少气体密度的实验。当他实验到氮时，竟发现了氩元素。他晚年所做的研究，有拉姆齐（1852—1916年）参加合作。他对于变态心理的研究也很感兴趣，他曾加入心灵研究会，并任副会长。

1904年，瑞利获第四届诺贝尔物理学奖。1905年底任皇家学会会长。1909年任航空委员会会长，10年后卒于威特姆，葬于位于泰林的家园旁，墓标镌有："我们如今对镜观看，黯淡不明，但很快我们就会面对面了。"

56. 伦琴

X 射线的发现者，首届诺贝尔物理学奖获得者

国籍或地区：德国
出生时间：公元 1845 年
逝世时间：公元 1923 年
主要成就：发现 X 射线

威廉·康拉德·冯·伦琴，德国人。出生于伦内普，幼年先在荷兰就学，后入苏黎世，继而在维尔茨堡及斯特拉斯堡做孔德的助手。

1874 年任斯特拉斯堡大学的编外讲师，翌年任霍亨海姆农学院的物理学及数学教授。1879 年当选吉森物理研究所所长兼物理学教授。

1885 年转任维尔茨堡，伦琴射线的发现即在此地。时为 1895 年，他正在用高度真空管做气体导电的实验时，发现在其近旁的铂氰化钡的屏上有荧光出现。经研究，得知此种辐射能穿过通常光线所不能穿过的物质，而且还能使相片感光，其性状在许多地方都很特别，尤其是反射和折射，因此使他怀疑，不知这种辐射能否被看成光的一种。于是他提出了一种假说，以为这是由于以太中所起的纵振动而生的，和由横振动而生的通常光线不同。因为对于其本性不能确定，所以称它为 X 射线，因为这个发现，伦琴于 1896 年获得皇家学会的伦福德奖章，同时得奖的还有一位，就是勒纳，因为他也曾经发现过有一部分的阴极射线能够穿过像铝一样的金属的薄片。

伦琴此外还有许多的研究，如弹性学、毛细现象、气体两种比热容的比、晶体中热的传导、各种气体对于热射线的吸收、压电现象、偏极化光的电子转动等。

1901 年获第一届诺贝尔物理学奖。

卒于慕尼黑。

57. 迈克耳孙

诺贝尔物理学奖获得者，发明了迈克耳孙干涉仪

国籍或地区：美国
出生时间：公元 1852 年
逝世时间：公元 1931 年
主要成就：发明了迈克耳孙干涉仪

阿尔伯特·亚伯拉罕·迈克耳孙，美国人，出生于德国的斯切尔诺，随其双亲迁居旧金山，即在当地小学肄业。

1873 年毕业于美国海军大学，1875 年至 1879 年即留母校任物理学及化学指导员。1880 年至 1882 年留学柏林、海德堡及巴黎等处。1881 年由海军退职。1883 年任克利夫兰应用科学学校之物理学教授，1889 年转职于克拉克大学。1892 年任芝加哥大学物理学院院长兼教授。

迈克耳孙自早年即致力于光速度的研究。他在克利夫兰时期就发明了干涉计，利用光波的波长来测定距离，并将菲佐测定光速的方法加以改良，结果测得极其精确的光速的数值。

迈克耳孙又替巴黎国际权度局用钙光的波长作单位，将 1 米的长度表出，结果历来费尽无穷心力在巴黎保藏起来的米原器，因为可以用这种绝对单位完全表出，所以尽可废去不用。因此成名，历任各种学术团体荣誉之职。

1907 年受诺贝尔物理学奖。

第一次世界大战期间参加海军，发明各种海军用品，测距仪即其中的一种。

1920 年利用光的干涉表出猎户座 α 变星的直径为 2600 万英里。对于恒星大小的准确的近似测定，尚以此为首次。

58.昂内斯

发现了物体的超导性，低温物理学的奠基人

国籍或地区：荷兰

出生时间：公元 1853 年

逝世时间：公元 1926 年

主要成就：对低温物理学做出突出贡献

海克·卡末林·昂内斯，荷兰人，出生于格罗宁根，即在本地研习数学及物理学。

1871 年赴海德堡受业于本生及基尔霍夫。后返格罗宁根，于 1879 年取得博士学位，其论文题为《地球自转的新证据》。

1882 年任莱顿大学实验物理学教授，建成最有名的低温实验所。因受范德瓦耳斯的刺激，对于状态方程式及流体的热力学通性颇感兴趣。他认为新的理论上的发展远不及精严的测定来得重要。于是他就开始了大规模的实验工作，对于温度及压力两方面所涉及的范围都很广泛，对于低温的研究程度，都令人想到他的名字。他在这一方面真可称为实验物理学的泰斗。

1908 年，他完成了氦的液化工作，但还不能使其固化，后者还是他的继起者科索姆为之完成的。

昂内斯曾求出不少的气体和混合气体在低温时的等温线，对于光学、磁学和磁光学等有相当的研究，对于含镍、锰等的铁合金受低温的影响也有很重要的研究。

他还指出导电体的电阻在绝对零度的附近突然消归乌有，遂称之为超导性。这个超导性的实验他是从 1914 年开始研究的，对于固体中的传电，颇有密切关系，性质极为重要。并且也只有他的低温实验所对这个研究才有极端的便利，为世上任何处所不能企及。

除 1913 年获得诺贝尔物理学奖外，昂内斯尚有不少荣誉。卒于莱顿。

59. 赫兹

他率先证实了电磁波的存在

国籍或地区：德国

出生时间：公元 1857 年

逝世时间：公元 1894 年

主要成就：率先证实了电磁波的存在

海因里希·鲁道夫·赫兹，德国人，出生于汉堡，父为律师及议员，有犹太血统。

赫兹曾在汉堡就学，初习工程，后改物理学。又赴慕尼黑及柏林，执业于亥姆霍兹门下，3 年后任亥姆霍兹助手。再赴基尔，成编外讲师，即于此开始研究麦克斯韦之电磁理论。

1885 年至 1889 年，当其任卡尔斯鲁厄专科学校物理学教授时，其惊天动地的发现遂告成。先是柏林研究院曾悬奖征求对于介质之极化与电磁作用之间求出一种实验上的关系，亥姆霍兹令赫兹注意，如其愿做此项研究，当以研究所的设备辅助之。然在当时赫兹并不重视此题，因为一时尚想不出有何方法可以收到效果。但到后来竟能发现电磁作用在空间中的传播，测定出电磁波的波长和速度，并且指出其振动是横波，有反射、折射及极化等类性质，和光波及热波完全相应，其结果遂使光之电磁本性称为毋庸置疑的事实。

1889 年，赫兹继克劳修斯之后任大学物理学教授，以后继续研究稀薄气体中的放电，距伦琴的 X 射线的发现仅数年，在此期间出版其名著《力学原理》，也是他最后的著述。不久患血毒症，于 1894 年去世。

60. 布拉格

与儿子一同获得诺贝尔物理学奖的牛人

国籍或地区：英国
出生时间：公元 1862 年
逝世时间：公元 1942 年
主要成就：发明 X 射线分光计

威廉·亨利·布拉格，英国人，出生于坎伯兰的威格顿，肄业于马恩岛的威廉国王学院及剑桥的三一学院。

1886 年任澳大利亚阿德莱德的数学及物理学教授，其早年关于放射性物质的研究就从此时开始。

1909 年任利兹大学卡文迪许教授，1915 年任伦敦大学的奎恩教授，其对于种种放射现象的研究及其解释的明晰透彻，名震遐迩。

1915 年获得诺贝尔物理学奖及哥伦比亚大学的巴纳德金质奖章。对于此两种荣誉，均与其子威廉·劳伦斯·布拉格共之。

父子二人的努力，在于说明原子及晶体的结构，这是用他们所发明的 X 射线分光计研究成功的。

布拉格在欧战时曾任海军顾问，对于侦察潜艇贡献颇多。

1920 年晋爵，同年任伦敦物理学会会长。1923 年任皇家研究所之富勒教授，兼戴维·法拉第研究所所长，继又任皇家研究所所长。